中华科技传奇丛书

从东汉火药到长征火箭

李军胜　编著

上海科学普及出版社

图书在版编目(CIP)数据

从东汉火药到长征火箭/李军胜编著.——上海：
上海科学普及出版社，2014.3
（中华科技传奇丛书）
ISBN 978－7－5427－6046－3

Ⅰ.①从… Ⅱ.①李… Ⅲ.①推进器－技术史－中国
－普及读物 Ⅳ.①V43－092

中国版本图书馆 CIP 数据核字(2013)第 306737 号

责任编辑：胡 伟

中华科技传奇丛书
从东汉火药到长征火箭
李军胜 编著
上海科学普及出版社出版发行
（上海中山北路 832 号 邮政编码 200070）
http://www.pspsh.com
各地新华书店经销 三河市华业印装厂印刷
开本 787×1092 1/16 印张 11.5 字数 181 400
2014 年 3 月第一版 2014 年 3 月第一次印刷
ISBN 978－7－5427－6046－3 定价：22.00 元

前言

　　火药的发明和应用与我国的医学、军事都有密切关系，火器的家族都有哪些成员呢？从古代的火枪、火炮、火药弹、火箭、地雷、火铳，到近代的各类步枪、手枪、机枪、冲锋枪，甚至坦克、导弹、宇宙飞船……无论是过去还是现在，各种各样的火器都在扮演着重要的角色，沿着这些火器的研制、发展、演化的足迹，我们能清楚地看到人类历史发展的道路。人类文明在进步，火器等战争武器的不断演变，也将继续改变世界的格局。

　　全书分为五个章节约7万余字，书中介绍各类知名火器60余种。全书在介绍每一类别的火器时，都会从拾遗钩沉、史实链接、古今评说三个方面入手，充分利用民间传说、冶金学、科技史和战争史等方面的文献资料，对古代和近现代火器创造发明、历史演变，东西方火器的交流，西方国家对火器发展的推动与发展，火器发展进程中的重大成果，以及火器用于战争后所引起的军事与社会的变革等重大问题作了介绍，既有历史的通览，又有详尽的评说，此外，每一种火器都会有一两个生动的例子来加以说明。

　　全书语言流畅、评论精辟、论点独到，可以为对火器发展史感兴趣的青少年读者提供参考。这本书将带大家详细了解火器的过去和现在，可以作为科普著作去阅读，增加对枪、炮等各类火药武器的了解，提高历史和科技知识涵养。

目录

一、古代四大发明之一——火药

古老的兵器——火药 2

神奇的黑火药 6

燃烧速度极快的棉火药 9

射击武器——火药弹 11

何为烟火药 13

二、形形色色的古代火器

发射箭矢的奇迹——火箭 16

近身战火器——火枪 19

身管射击武器——火炮 21

防御武器——地雷 24

金属管形射击火器——火铳 27

轻型炮种——机炮 29

古代短火器三眼铳 31

新式火绳枪——鸟铳 33

新型火药兵器——佛郎机 36

红夷炮的引进和发展 38

喷火器具——猛火油柜 41

北宋火器——震天雷 43
投掷武器——毒火球 45
多管型火绳枪——迅雷铳 47
单兵火绳枪——五雷神机 49
雄壮威武的虎蹲炮 51

三、古代杰出的军事家

战国军事家——孙膑 56
赵国名将——李牧 59
西汉开国功臣——韩信 62
西汉名将——卫青 65
抗倭将领——戚继光 67

四、近现代火器的应用

单兵肩射武器——步枪 72
短小轻便的武器——手枪 74
机关手枪——冲锋枪 76
高精准度步枪——狙击枪 78
便携式反坦克武器——火箭筒 80
小型手投弹药——手榴弹 82
化学武器——催泪弹 84
特殊单人用武器——防暴枪 86
炮竹的来由 88
炸药的发明和应用 90
起爆材料——雷管 92
枪支发射的弹药——子弹 94
爆炸性武器——炸弹 96
防空武器——高射炮 98

钢铁巨兽——坦克炮 101

自动射击武器——航空机关炮 104

传统海军武器——舰炮 106

地面攻击的主要火炮——加农炮 109

身管火炮——榴弹炮 112

强击炮——自行火炮 115

全履带装甲战车——坦克 118

灵活轻便的迫击炮 121

手动步枪——三八大盖 124

非致命性武器——烟雾弹 127

五、通向太空的桥梁——火箭

军用火箭——窝蜂火箭 130

不断发展的运载火箭 132

火箭炮的发明 135

导向性飞弹——导弹 138

空对地攻击武器——火箭弹 140

现代火箭炮的雏形——火箭车 142

弹道导弹——V2火箭 144

运载工具——多级火箭 147

一次性航天器——宇宙飞船 149

一、古代四大发明之一——火药

古老的兵器——火药

⊙拾遗钩沉

火药是我国古代的四大发明之一，中国是火药这种古老的兵器应用最早的国家之一，后来经阿拉伯人的传播，渐渐带入到欧洲。中国古代对火药的研究始于古代的炼丹术，可以认为，火药最早是由中国的炼丹家发明的。

从秦汉开始，中国古代的帝王贵族就热衷寻找长生不老的配方，使得方士道士

块状硝石

们开始尝试各种炼仙丹的方法，在修炼的过程中，渐渐发现了火药的配方。到隋代时，已经出现硫磺、硝石和木炭三种体系的火药。

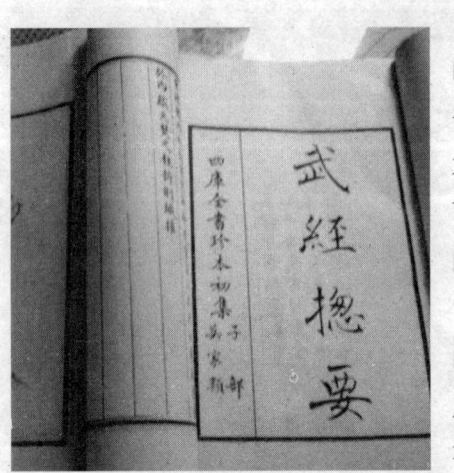

武经总要

火药最早的配方和关于它可燃烧性的介绍可以在8世纪左右一些炼丹家的书籍中看到。到差不多10世纪时，火药才开始在军事战争中有所应用。历史上可以查到的最早关于军用火药配方记载的书籍是中国的《武经总要》。

11~14世纪是火药在军事用途发展的黄金时期，它在战争中被发明家制作成了各种兵器，尤其是13世纪时，火药在战场上已经具有相当大的爆炸威力，已经能被很好地应用于战场。当时的火

药技术已经达到一定的高度，在战争中的应用途径也越来越广泛。

我国开始有大篇文字记载火药在军事上应用，始于明朝。当时的军事家宋应星、茅元仪等人对火药的配方、成分、性能做了进一步研究和分析。宋应星在他的著作《论气》一书中，对火药被制作成兵器后，其发射能力、爆炸冲击力和具备的杀伤力做了详尽的阐述。

由于火药是后期经由阿拉伯人从中国传入欧洲的，所以欧洲直到14世纪才有火药应用于军事上的文字记载。

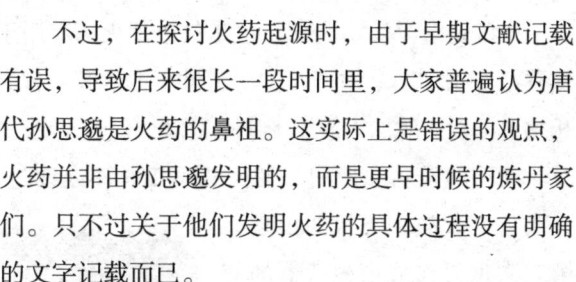

明代科学家宋应星

⊙ 史实链接

我们在前面的章节中提到，并不是为了军事的应用而去发明火药的，古代的炼丹师们在炼丹过程中偶然发现了几种不同材料放在一起会燃烧起火，从而发明了火药。

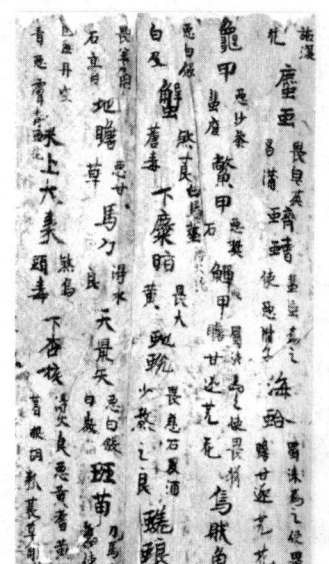

唐抄本《本草经》

不过，在探讨火药起源时，由于早期文献记载有误，导致后来很长一段时间里，大家普遍认为唐代孙思邈是火药的鼻祖。这实际上是错误的观点，火药并非由孙思邈发明的，而是更早时候的炼丹家们。只不过关于他们发明火药的具体过程没有明确的文字记载而已。

早期的火药，其成分主要为是氧化剂的硝石。在《神农本草经》中，作者就已经把硝石列为上品药，这意味着在这之前已经开始具备火药发明的基础条件。

秦汉的时候，帝王们对炼丹术的推崇，更是为火药的发明添加了促进剂。方士们为了炼制仙丹妙药,把多种不同的药物放在一起烧炼。八石(各种矿物药)、三黄(硫磺、雄黄、雌黄)、五金、汞和硝石都是炼丹中应用较多的物质。尤其是三黄与汞合炼而得丹砂,是炼丹家们最引以为豪的作品。而用硝石与三黄放在一起炼制的话,就会出现爆炸的效果,这就是火药的发明。

早期火药被一代又一代的炼丹家不断改进,唐代炼丹家于唐高宗永淳元年(682年)首创了硫磺伏火法,用硫磺、硝石研成粉末,再加皂角子(含炭素)。唐宪宗元和三年(808年),又有人发明了伏火矾法的火药配方,其成分是硝石、硫磺及马兜铃等,几种材料混合后,放在一起烧炼,也能获得爆炸的效果。这些材料组合在一起,使得火药的威力进一步增强。

火药出现后不久开始在烟火、炮竹等中使用,在宋代的木偶戏中的烟火杂技——"药发傀儡",以及宋代诸军马戏的、"硬鬼""抱锣""哑艺剧"等杂技节目,都用到不断兴起的火药。

⊙古今评说

古代的炼丹家把不同类型的材料放在一起烧制,偶然发明了火药的配方。火药从发明至今已经有1 000多年的历史,是中国最古老也是最伟大的发明之一。直到21世纪的今天还影响着人们生活的方方面面。

中国是最早发明火药,也是最早把火药应用于烟火制造的国家,后来火药被逐渐应用到军事中,并发明了世界上的第一枚火箭。和现代升入太空的火箭相比,虽然当时的火箭雏形十分简陋,但也是跨出了历史性的一步。

火药的发明和使用,使得战争工具不断改进,战争规模也不断扩大。第一次世界大战中飞机的出现,第二次世界大战中核武器的应用,影响之大大家有目共睹,但它们给世界带来的影响,远远赶不上火药的发明及其在军事上的应用。

而现代人的生活,更是离不开火药,如过年过节放的烟

核武器爆炸图

火，开矿、修路等工程中用到的爆破等等。不管是军用还是民用，火药的发明都起到了不可替代的作用，推动了社会的变革和人类文明的发展。

火药的发明，绝对是人类进步的一个里程碑标志！

神奇的黑火药

⊙ 拾遗钩沉

　　黑火药是我国古代最伟大的发明之一，位于四大发明之列。黑火药的威力，需要在适当的外界能量作用下才能发挥，借助外界的能量，黑火药能进行迅速而有规律的燃烧，进而生成大量高温高压的物质。

　　从发明至今，黑火药已经有近千年的历史，在战争中主要用作枪弹、炮弹的发射药和火箭的推进剂及其他驱动装置的能源。火药之所以得名，主要因为最初是应用在医药上，后来火药技术渐渐传入西欧国家，才开始在军事上有广泛的应用。

黑火药

　　黑火药燃烧后，其大部分产物是二氧化碳和水，还会生成部分氮氧化物，少量 CO、K_2CO_3、K_2SO_4 和 K_2S_2 等，观察它的燃烧生成物，会发现当中有不少固体物质残渣。

⊙ 史实链接

　　黑火药最早发明时，并非应用在军事上，而是应用在诸如杂技表演，或者木偶戏上等，制造出烟火的氛围。用黑火药制品来做"吐火""爆仗"等，用以增加表演时的神秘感。在宋代时，已经有人可以利用火药表演幻术，如喷出烟火云雾以遁人、变出物体等，以获得周围人的喝彩。

　　此外，火药还被一些医药学者引入医学，成为药物的一种，用于治疗患者的疮癣，以及用来杀虫、辟湿瘟疫等。

　　到了10世纪左右的唐朝时，火药已经开始在战争中被逐渐应用。火药被引入军事，成为战争中必不可少的攻击武器之一。火药在军事中的应用，引起了各个国家在战略、战术、军事科技的重大变革。初期的火药武器,爆炸性还不是很强,主要是用来纵火。随着火药武器工艺的不断改进,火药的爆炸性能也得到了进一步增强。

到了宋代,火药在军事上的应用就很普遍了,北宋为了抵抗辽西夏和金的侵略行为,非常重视火药和火药武器的研制。宋真宗咸平三年,神卫水军队长唐福和冀州团练使石普,曾先后分别在皇宫里制作了火箭、火球等新式火药武器,并受到了当时真宗皇帝的嘉奖。

木偶戏

至此为止,火药成为了宋军在战场上的必备装备,后来北宋政府在首都汴梁建立了火药作坊,专门用来制造火药以及和火药相关的兵器。更有史书记载"日出弩火药箭七千支,弓火药箭一万支,蒺藜炮(内装有带刺铁片的火药包)三千支,皮火炮二万支。"

1044年的曾公亮,写了一本叫作《武经总要》的书,详细记录了三种火药配方及多种火药武器,并配有插图。这应该可以算作历史上有关火药制作的最早记载了,详尽记载了热兵器制作的工艺流程。

到了南宋时,火药兵器的制造技术就更先进了,陈规守德安(湖北安陆)时曾经使用火枪冲锋。至南宋中晚期,又出现了突火枪技术,发明了有深远影响的管形火器——竹筒,后来改为铁管或铜管。

北宋军事家曾公亮塑像

子窠是用铁块等一些硬的固态物质制成(类似子弹)的,而火药利用爆炸产生的气体压力把子窠推出去,这成为后人发明子弹的借鉴。当然枪和炮是一对孪生姐妹,它们的发射原理是一样的。中国是历史上最早使用"热兵器"的国家。宋灭南唐,夺金陵城池时,就曾使用了火炮,也使得中国象棋中加入了"炮"这颗棋子。

不过，在宋朝和蒙古人作战的过程中，金国人和蒙古人也相继学会了火药在兵器中的应用，这样便大大增加了蒙古铁骑的威力，也为蒙古铁骑横扫欧亚大陆埋下了伏笔。

⊙古今评说

黑火药和火药武器在军事上的应用，是世界军事的一个划时代进步，使得各个国家的作战策略发生了根本性的变革。可以这样认为，中国发明的火药，改变了整个世界的格局！

勇猛的蒙古铁骑

燃烧速度极快的棉火药

⊙拾遗钩沉

棉火药,学名纤维素硝酸酯,从前人们喜欢把棉火药称为硝化纤维、硝化棉。棉火药又被人称为硝棉、强棉药、火药棉等,从外形上观察,是一种白色的纤维状物质,它的化学成分与棉花基本相同,不过绝对不要因为棉火药看似柔弱的外观而轻视它的威力,它的爆炸威力比黑火药大2~3倍。

棉火药也可以用于军事武器的制造上,不过它的燃爆快得惊人,甚至高于苦味酸。如果制成炮弹,会在发射之前就开始爆炸,对操作的人而言,非常不安全,所以应用得没有黑火药那么普遍。但是用醇—醚混合溶剂处理并碾压成型后,棉火药的燃爆速度就能被减弱不少,可以用作固体火箭推进剂的成分或者炮弹、枪弹的发射药等。

⊙史实链接

在中日甲午战争中,北洋海军用以发射弹头的发射药便是棉火药,后来被弃用是因为棉火药燃烧速度过快,军事家们担心会引起炸膛等事故,而改用被改良的栗色火药(即加入水汽钝化处理的黑火药,燃烧速度比一般的火药慢,因为颜色比黑火药略浅,故起名为栗色火药)。但这种由棉火药改良而得来的火药,燃烧时温度过高,容易烧蚀炮膛,而且燃烧后产生的火药残渣附着在膛线上,清理起来非常麻烦,每次发射

中日甲午战争博物馆

后都需要花费很长时间来清洁炮膛，所以沿用的时间并不太长。

⊙古今评说

棉火药等火药武器，后来经阿拉伯人从亚洲传入欧洲，这类军事武器对各国的战争策略和政治关系都起到了不可小觑的影响。火药被研制成为多种所向披靡的武器，使从前看似坚不可摧的城墙，在火药制成的大炮面前不堪一击。

射击武器——火药弹

⊙ 拾遗钩沉

火药弹是一种以发射药为能量来源的发射弹丸,通常情况下它可以在20毫米以上口径的身管内被发射。火药弹配有多种弹药,可对海、陆、空的目标进行射击,歼灭、压制有生力量和技术兵器,在军事战争中摧毁各种防御工事和其他设施,击毁各种装甲目标,完成一些特定的射击任务。

⊙ 史实链接

在春秋时,聪明的古代中国人已经会使用一种抛射武器——礟。到了10世纪左右时,火药开始在军事上崭露头角,礟被用来抛射火药包、火药弹等。到后来的12世纪中期,宋代出现了以巨竹为筒的管形喷射火器,也就是后来的火枪;13世纪50年代,又出现了竹制管形射击火器——突火枪,当然这些都是后话。

礟图

在元代时,才有了滑膛火炮的发明。元代也是中国最古老的火炮——火铳出现的年代。中国历史博物馆展出的元代至顺三年(1332年)制造的青铜铸炮,长35.3厘米,重6.94千克,炮口直径105毫米,炮身上有"至顺三年二月吉日,绥边讨寇军,第叁佰号马山"等铭文。炮的尾部有两个方孔,可装耳轴。

至顺三年青铜炮

⊙**古今评说**

随着资本主义的发展，火药弹等兵器在欧洲的工厂中被批量生产出来，成为舰队威力强大的武器，帮助殖民者的舰队扬帆出航，去世界各地征服更多殖民地。

何为烟火药

⊙拾遗钩沉

烟火药指的是除黑火药以外，烟花、爆竹内所填充的材料，在燃烧时能产生声音、烟雾、色光和运动等效果的药剂。

烟火药的组成成分一般包括氧化剂、粘结剂、可燃物（还原剂）、产生特殊效果的物质等几个主要部分。

根据烟火药在燃烧爆炸的时候所产生的效果，烟火药的种类可分为啸声剂、烟雾剂、有色发光剂、穗花、钝感剂、爆炸音响剂、引燃剂、延期药等，另外还有用以提高其化学稳定性、调整烟火药燃烧速度的调速剂和稳定剂。

和其他火药相比，烟火药最大的特点是敏感度、化学稳定性好。《烟花爆竹安全生产管理暂行办法》规定，严禁使用 5 秒延滞期爆发点低于200℃即爆燃的任何配方生产烟花爆竹。因为烟火药对火焰的敏感度与其组成成分、细度以及混合是否均匀有很大关系，遇到很小的火星也有着火的可能。

由于烟火药对机械感度有较高的要求，夏天气温超过35℃时，应该立即停止烟火药的生产作业，不然有可能会引起事故的发生。

由于烟火药是一种具有燃烧、爆炸性的物质，它的机械感、热感度都是非常高的，有些含高氯酸盐的烟火药爆炸性能极高，因此，烟火药是烟火炮竹制造生产中危险系数较高的环节。

⊙史实链接

其实，除了我们所熟知的烟火药，还有一种在1884年由法国化学家维埃利发明的无烟火药。在此之前，当时应用较多的是舍恩拜发明的硝化纤维，该火药稳定性不是很好，多次引发火药库爆炸事故。维埃利将硝化纤维溶解在乙醚和酒精里，加入一定比例的稳定剂，再进行一系列处理，制成了世界上第一种无烟火药。

关于火棉的发明：1845年的一天，瑞士化学家舍恩拜做实验时不小心把盛满硝酸和硫酸的混合液瓶碰倒了。溶液流在桌上，一时间他找不到抹布，就赶紧拿来了妻子的一条棉布围裙救急，围裙浸了溶液，湿漉漉的，舍恩拜怕妻子看到后会生气，就到厨房去把围裙烘干。没想到的是，当他靠近火炉时，只听得"扑"的一声，围裙被烧得干干净净，也没有一点灰，没有一点烟。他大吃一惊，事后回想了整个过程，非常兴奋，因为意识到自己有可能发明了一个可以用来做炸药的新化合物。

化学物质硝酸

⊙古今评说

现在人们多借用烟火药，燃烧反应产生可见光、高热、红外辐射、高压气体、气溶胶烟幕和声响等效应的弱爆炸性物质。烟火药属于爆炸速度比较慢的一种炸药。烟火药在军事和农业、工业、交通、运输业、电影摄制等诸多方面都得到广泛的应用。

二、形形色色的古代火器

发射箭矢的奇迹——火箭

⊙ 拾遗钩沉

火箭是一种带有燃料和助燃用的氧化剂的火器,对我们普通人而言略带神秘色彩。用火箭发动机作动力装置,能够在大气层内飞行,也可在没有空气的大气层外的太空飞行。因火箭机构最早用于发射箭矢上,因此中文称之为火箭。

火箭是一种喷气推进装置,运行时,以热气流高速向后方喷出,根据动量守恒定律,自身向前运动。它自身携带燃烧剂与氧化剂,并不依赖空气中的氧,既可在大气中,又可在外层空间飞行。在飞行过程中随着火箭推进剂的消耗,火箭的质量会不断减少,所以火箭是一种变质量的飞行体。

航天火箭

⊙ 史实链接

追根溯源,中国是最早发明火箭的国家,火箭也是中国古代的重大发明之一。古代中国火药的发明与使用,给火箭的发明奠定了必要的条件。北宋后期,民间流行的能升空的"流星",原理和火箭升空非常相似,也是利用了火药燃气高速向后方喷出而获得前进的动能。按其工作原理,这类烟火就是世界上最早的用于民间玩赏的火箭。

南宋时期,火箭开始在军事上有所应用,出现了军用火箭。到明朝初年,

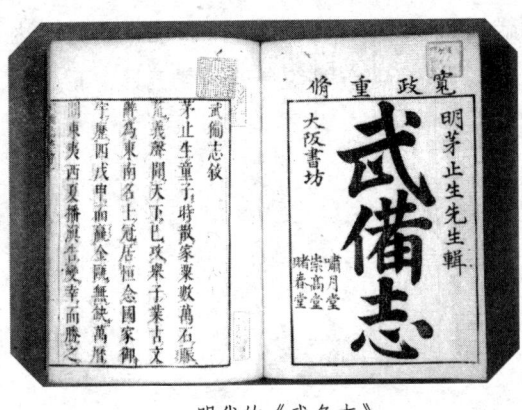

明代的《武备志》

军用火箭的各方面条件已相当完善并广泛用于战场,被称为"军中利器"。明代《火龙神器阵法》和《武备志》等兵书中,都有文字记载中国古代火箭的形制和使用情况。

1949年,新中国成立后,专门组建了研制现代火箭的部门。在"独立自主,自力更生"的方针指导下,我国发展出越来越高的火箭技术,卓有成效地研制出多种类型的火箭,并于1970年用"长征一号"三级火箭成功地发射了第一颗人造地球卫星。

1975年,用更大推力的火箭——"长征二号",发射了可回收的重型卫星。1980年,向南太平洋海域成功地发射了新型运载火箭。1982年,潜艇水下发射火箭又获成功。特别是1984年4月8日和1986年2月1日,用装有液氢液氧发动机的"长征三号"火箭,先后成功发射了地球同步试验通信卫星,表明在现代火箭技术方面,中国已跨入世界先进行列。

20世纪中叶以来,火箭技术得到了进一步发展,在20世纪80年代初,美国、苏联两国已经分别研制出六七个系列的运载火箭。其中,美国还研制了当今世界最大的火箭,美国载人登月的"土星5号"火箭,直径10米,长111米,起飞质量约2 930吨,低轨道运载能力为127吨。

⊙ **古今评说**

现代火箭的功能,主要应用在长远距离输送方面,如作为载人飞船、探空、发射人造卫星、空间站的一种运载工具,以及其他外太空飞行器的助推器等。如用于投送作战

星系

用的战斗部（弹头），便构成火箭武器。火箭是迄今为止唯一能帮助物体达到宇宙速度，克服或摆脱地球引力，进入宇宙空间的一种运载工具，而火箭的极快速度是由火箭发动机获得的。

近身战火器——火枪

⊙拾遗钩沉

火枪使用一个或者两个以上的竹筒，在竹筒里面装有火药，绑缚在长枪的枪头下方，和对手交战时，可先发射火焰烧灼敌兵，再用火枪的枪头刺杀对方。这种火器，在南宋朝时的战场上一度非常盛行。最早使用现代火枪的是欧洲人，欧洲的军队对于火枪这样的军事装备是非常热衷的，尤其是当时的英国

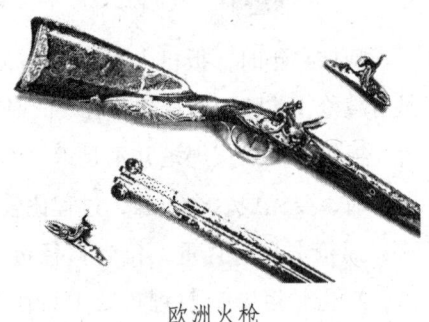

欧洲火枪

和德国。德国的火枪技术和火枪的普及率乃是欧洲第一，不论是在发明了火门枪的火药时代，或者是普鲁士王朝战争时期，火枪的运用率在当时世界都是处于领先地位的。

在我国宋代时期，火枪已经是一种著名的用于近身战的武器装备，但其实火枪的发明最早可能五代时期就已经出现了，最初是绑上火药喷火器的长枪，这种武器的名称一直流行至明代。

清朝以后，火枪的名称被用来形容一种前装填的滑膛枪（也有后来出现的填装式火枪，但其无法保持气密性，威力不是很大，应用不多），这是一种用肩部、肩部上方、胸前为稳定点发射的火器，但自17世纪以后，欧洲的许多国家把火枪的稳定点统一为肩部。

⊙史实链接

中国是最早发明火枪的国家，也是最早改进火枪技术的国家，但火枪传承

中式火枪

于阿拉伯世界，被真正发扬光大是在欧洲。现在世界上有据可依的火枪是10世纪宋朝的竹制枪管的突火枪，在14世纪明朝焦玉撰写的《火龙经》中曾明确提及，到13世纪的元朝，出现了铁制枪管与最早的手枪（手炮、手铳）。阿拉伯人获得西征蒙古军队的火枪技术后，发展出马达法，一种步兵手炮，可以附有手斧。

到1543年时，扳机击发式火绳枪被葡萄牙人带到了东方的日本，这种火枪是滑膛枪，前膛用来装药，有效的射程为50～80米。

扳机击发式火绳枪并不是理想的火枪武器，因为士兵在进行前膛装药准备射击时，要完成六个步骤，过程比较繁琐，费时又费力，且无法采取隐蔽的姿式；而枪本身长且重，枪管口径过大，射击精度差，射程短，士兵在立姿举枪射击时，有时还须用一个支撑杆把枪托起来。所以日本人又对其进行了改进，当然这是后话。

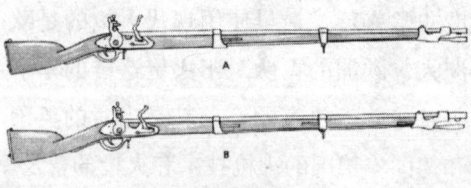
滑膛枪

⊙ **古今评说**

火枪这类近身武器的出现，对古代各国的骑兵而言具有重大的意义。16世纪，纽伦堡出现了第一枝转轮枪，它的诞生让骑兵们拥有了能在飞驰的马背上射击敌人的火器。使得骑兵的作战方法开始发生一系列的变化，过去的作战策略逐渐被改变。

身管射击武器——火炮

⊙拾遗钩沉

　　火炮是一种身管射击武器,它的工作原理是利用火药燃气压力等能源抛射弹丸来工作,它的身管口径大于等于20毫米。火炮通常由炮架和炮身两个主要部分构成。青铜火铳应该可以算作是中国最早的金属身管火炮,发明于1332年的中国元代。火炮通常由炮身和炮架两大部分组成,炮身包括炮尾、身管、炮闩等。

　　在作战中,火炮的炮身用来赋予弹丸初始速度和飞行方向;炮尾的作用则主要用来装填炮弹;炮闩用以关闭炮膛,发射炮弹。炮架由反后坐装置、瞄准装置、高低机、方向机、大架和运动体等部件组成。方向机和高低机用以保证火炮发射炮弹后复位;反后坐装置用以确保火炮在发射炮弹后的复位;瞄准装置由瞄准镜和瞄准具组成,用以确定火炮射击的一些数据,实施瞄准射击;大架和运动体用于射击时支撑火炮,作战时用来做炮车。

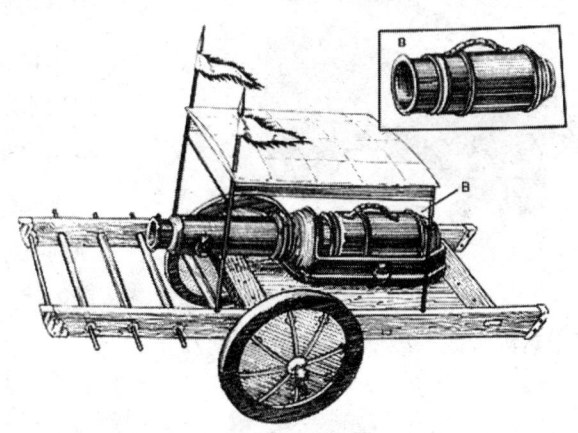

中国古代的火炮

⊙史实链接

　　早在春秋时古代中国人就已经在使用一种抛射武器——礮。到了10世纪火药在军事上的应用日益广泛后,礮便用来抛射火药包、火药弹。到了元朝,中国已经制造出最古老的火炮武器——火铳。13世纪,中国的火药和火器传到西方后,火炮在欧洲国家开始发展。14世纪上半叶时,欧洲某些国家开始制造出发射石弹的火炮武器。

为了提高军队的火力,现代炮兵的火炮除配有穿甲弹、普通榴弹、照明弹和烟幕弹外,还配有各种反坦克布雷弹、远程榴弹、末段制导炮弹、反坦克子母弹以及化学炮弹、核弹等,使火炮能够射击到几百到几千千米距离内的目标。

有关火炮最早的史料记载出现于明朝孔贞运《明资政大夫兵部尚书节寰袁公墓志铭》:"公(袁可立)命将设伏,乘风纵火刍荛,糗粮尽归一炬。奴忿甚,于秋杪载火炮,分兵二道以图报复。"

第二次世界大战后雷达与高射炮开始结合使用,随着炮瞄雷达的发展,火炮渐渐发展成为了由炮瞄雷达瞄准、联动、控制的高射炮系统。近30年来,火炮又开始与防空导弹相结合,开始形成了和弹炮一体的弹炮防空体系。

中国的炮弹专家们认为,世界上最早的火炮全身是用铜铸造的,铳形为碗口,其全长为347厘米。铳身竖刻两行字,表明它制造于"大德二年",即1298年。在火炮后来的发展中,有明确纪年的最早实物是藏在北京博物馆的碗口铳(《文物》杂志1962年第3期)。当时考古时新发现的内蒙古铜口铳,比至顺三年铳早了34年,是世界上可以考证的最早火炮了。

早期欧洲火炮

⊙**古今评说**

火炮的研发并非易事,在火药真正派上用场之前,发明家们曾经历了数个世纪的不断探索。火药发展的难题之一便是燃点低,燃烧爆炸过快,所以要利用火药来设计出合适的火炮并不容易，倘若设计不当的话就无法开火。由于受到早期的制造技术所困，施放火炮者所面临的危险程度，其实与炮击目标物差不多。1460年，苏格兰就曾有一位国王因为点火炮发生爆炸而殒命。

可见火炮的发明并不容易，而是付出了很多血的代价。不过火炮这种武器的出现，也使得各国之间的战争力大增。到了现代，尤其是近三四十年来，随着一些国家的防空导弹技术的不断发展，战场上大口径高射炮的身影渐渐淡了下去，为防御导弹和低空飞机的突袭，小口径多联装速射高射炮的发展空间变得大起来。

防御武器——地雷

⊙拾遗钩沉

地雷是一种埋在地下或隐蔽放置在地面上的爆炸性军事防御武器，价格低廉，实用性强。最早的地雷是由中国人发明的。防步兵地雷是19世纪时由俄国人研制出来的。这是最早的制式化生产的地雷，在后来的战争中取得了一定的效果。而防坦克地雷是1918年时由德国人研制的，1938年，德国人发明了防步兵跳雷。而后来的火箭布雷系统，是在1970年由德国人研制成功的。现在，国际公约已经明确规定在战争中全面禁止使用地雷了。

反坦克地雷

地雷在古代军事战争中的应用可以追溯到宋朝，金朝军队攻打陕州时，宋朝军队使用了埋在地面上的"火药炮"，这些火药炮给金军带来了重大的伤亡。到了明朝初期，中国出现了采用机械发火装置的地雷，据1413年焦玉所著《火龙经》一书所载："炸炮制以生铁铸，空腹，放药杵实，入小竹筒，穿火线于内，外用长线穿火槽，择寇必由之路，连连数十埋入坑中，药槽通接钢轮，土掩，使贼不知，踏动发机，震起，铁块如飞，火焰冲天。"由此可以看出"炸炮"不仅是最早的压发地雷，还与今天的"连环雷"相似，"地雷"一词

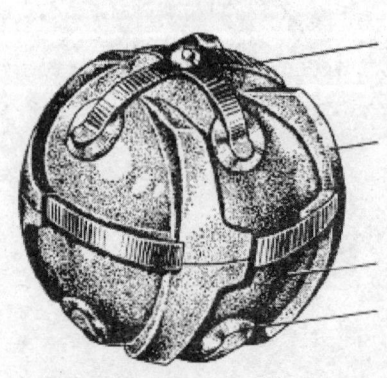

古代地雷

也是从这里最早出现的。

1580年,明朝的著名将领戚继光在驻守蓟州时,也曾经发明一种"钢轮发火"地雷,当敌人踏动机索时,钢轮转动与火石急剧摩擦发火,引爆地雷。钢轮发火装置提高了地雷发火时机的准确性和可靠性。在明代文献中,已有多种地雷的详细记载,这说明当时中国的地雷已发展到一定的水平,而欧洲在15世纪的要塞防御战中才开始出现地雷。

⊙史实链接

到19世纪中期以后,出现了很多烈性炸药和新的引爆技术,促使地雷向多样化和制式化的方向发展,这也是现代地雷的早期雏形。

地雷在我国从出现至今已经有500多年的历史,明朝的兵器发明家们通过不断的尝试,首次发明创制了地雷,这种军事武器发明后,被广泛应用于战争中。明代兵书《武备志》中就详细记载了差不多10余种的地雷,包括这些地雷的特性和形态,并绘有地雷的构造图。

多数地雷是采用陶、石、铁这些材料制成的,将它埋入地下,使用绊发、踏发、拉发、点发等发火装置,从而对敌人产生危害,是杀伤力较强的一种军事武器。早期的地雷多是用石头打制成方形或者圆形的,里面装上火药,中间凿一个小孔,然后杵实,上面留一个小空隙,用来插苇管或者细竹筒,里面牵出引信,用纸浆泥把药口封住。通常是隐蔽地埋在敌人可能会出现的地方,敌人走近时,绊到引信便会引爆地雷。

这种用石头打制而成的石雷又叫"石炸炮"。它的构造非常简易,取材一点都不麻烦,战斗中应用比较广泛。不过也有一些缺陷,比如贮药量小,爆炸的威力弱,而且渐被更新。后来地雷的形制,特别是发火装置被发明家们不断地改进,地雷在战争中的有效杀伤力也不断地增强。

明朝时,还制造出了公署炮和官亭炮,这种地雷被专门埋设在官府大堂的公案下,一旦这些地方被敌军攻克后,只要碰到某些特定的发火机关,地雷就会爆炸,对敌人予以重大打击。

石雷

⊙**古今评说**

地雷是一种杀伤力大的火器,尤其是经过不断改进的地雷。19世纪中叶以后,各种引爆技术和烈性炸药的出现,使地雷开始向多样化和制式化发展,从而诞生了现代地雷。

金属管形射击火器——火铳

⊙ **拾遗钩沉**

什么是火铳？火铳是我国元朝和明朝时期对所有金属材质管形射击火器的称呼。火铳有时也被人称之为火筒。火铳有哪些分类呢？火铳通常分为：水战和城防用的大碗口铳，单兵用的手铳、多管铳和盏口铳等。

火铳

火铳多数是用火药发射铁弹、铅弹和石弹，是在南宋长期使用的各类火枪的基础上改进而成的一种新型军事武器。火铳是随着火药性能的提高而慢慢发展起来的，也是元朝重要的战争武器。

我国的元朝是一个武力强大的时代，元朝之所以在军事上显得强大，和那时出现的先进武器不无关系。元朝时，管形火器得到发展，火炮和火枪等原来由竹管制作的火器改用金属制作，耐用性更强，它们起初是用铜铸造的，叫作"铜火铳"，后来又改用生铁，被命名为"铁火铳"。

这个时期的金属管形火器里填充的不仅仅是火药，也包括石球和弹丸等，开创了在金属管形火器里面填充弹丸的先河。这个时期火铳大量生产，开始装备军队，特别是专用火器军队的组建，使交战双方的力量开始发生了变化。火铳等武器装备的巨大作用，已使它成为当时战场上决定胜负的重要因素之一。

⊙ **史实链接**

火铳的鼎盛时代是元朝，但现在还没有确切的文献记载可查到元朝开始制造火铳的具体时间。现在我们可以看到的最早有据可依的元朝火铳是陈列于我国历史博物馆至顺三年的制品。这个火铳采用青铜来铸造管身，能够承受很大的膛压，还可以填入较重的弹丸和较多的火药，如此一来便大大提高了火铳在战争中的威力。所以火铳在发明不久，就开始渐渐成为必备的军事武器。

火铳在元朝问世并崭露头角后，后续的发展非常迅速，元朝末年，在朱元璋建立明朝的很多战争里，它都发挥了重要的作用。明朝建立了以后，当时的政府组织大量制造火铳，以便加强边防、海防和城防的各项设施建设，并且在永乐年间组建一个专用火器的神机营，在一定程度上促进了明朝对军队的训练和作战方式的改变，创造和发展了冷兵器和火铳在战争中结合使用的战术。

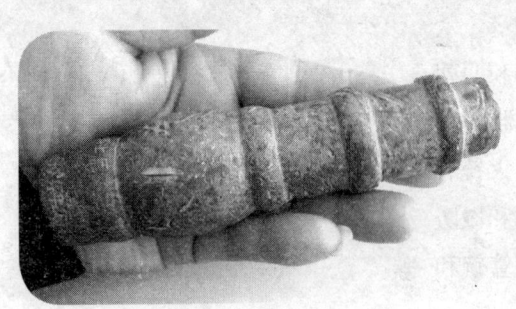

明代火铳

不过，等到嘉靖皇帝以后，明军装备的重型火铳和轻型手铳开始渐渐被鸟铳和火炮所取代，火铳在战争中扮演重要角色的时代也就告一段落。

⊙古今评说

火铳，有时又称"火筒"，是中国古代第一代金属材质管形射击火器，它的出现，使军事战争的发展进入一个崭新的阶段。中国元朝和明朝对火铳的使用和发展起着重大作用。

火铳的发明使热兵器的发展进入到了一个全新的时代，它的出现对后来的战争模式和各国军事的发展都起到了深远的影响，为军事技术的发展写下了全新的篇章。

轻型炮种——机炮

⊙拾遗钩沉

机炮,又被人称为机关炮,是用来连续发射炮弹,其口径大于20毫米的射击火器。虽然从定义上看并不能明确这种类型武器的口径最大可以到多少,但高速的连续击发机制使得该

机炮

类型火炮的口径都比较小,因为高速射击的时候必须要考虑炮管冷却的问题。多数时候机炮的口径都会小于30毫米,作为一种轻便型的炮种,机炮主要的作用是给直升机、步兵战车和战斗机等作防御武器。

多数机炮具有操作简单、射速高、结构紧凑等特点。应用在飞机上的多是23毫米和30毫米的机炮。我国各种类型的战斗机装备所用到的机炮,现有23毫米23-1/2型、23毫米23-3型、30毫米30-1型和23毫米623型。23毫米23-1/2型航空机炮是我们国家独立研制的早期机炮产品,这种机炮产品已经构成完整的系列,主要包括23-2、23-2H、23-1、23-2K型,装备我国海军,陆军,空军的武装歼击机、轰炸机、直升机和强击机等。

⊙史实链接

越南战争以前,几乎世界上所有新型的战机都已经放弃机炮来武装,但越南战争之后,很多国家的新战机又差不多在同一时间把机炮装了回去。一些军

轰炸机

事武器发明家在考虑战机到底要不要装机炮，这也是越南战争中受争议最多的问题。在核子战争中机炮难有使用的机会，因为敌人的高空武器会以难以预料的速度冲过来，而当双方以两倍音速迎面相向进入机炮射程时，大概就是该转向避免一起相撞的时候了；而等你绕回来想从尾部攻击对方时，却难以把握攻击的精准度。

即便越南战争中的敌人并非是用于高空大战的轰炸机，而是一些速度慢的MiG-17战机，美国空军也不会想到要用机炮来对抗他们，因为MiG-17就是为机炮而生的，而F-4战机不是，一旦陷入以机炮之间互相缠斗的近距离空战，对F-4而言是极其不利的。

所以，就算空对空飞弹的可靠性存在一定的问题，许多飞行员依然不愿采用机炮，他们宁愿以不可靠的空对空飞弹远程射击，因为飞弹就算命中率很低，也足以迫使敌机远离或转向别的方向，如果这个时候企图用机炮射击转弯半径很小的MiG-17，反而会给对手可乘之机，让对手有机会把你击落。

后来，美军终于因为一再没有机炮而失去很多击坠机会后，在1964年开始为F-4战机加装机炮。

⊙古今评说

机炮在现代的军事战争中应用非常广泛，机炮是唯一不会受到电磁干扰的近距离攻击武器。现在的空战已经进入了超视距的新时代，敌我双方几乎不可能进入对方肉眼可以看见的范围之内，不过机炮还是能够作为一种不可替代的武器出现在各种新式战机上。

古代短火器三眼铳

⊙拾遗钩沉

三眼铳是我国古代火器的一种。三眼铳是使用铁或粗钢浇铸而成的。它用三根竹节状单铳装在一起,每个铳管的外部都有一个小小的孔。

使用三眼铳时,先在铳管里面添加一些火药,然后再装填铁块、钢球或碎铁砂等材料,在各小孔处加一个火帽,射击时,将火帽向着石头等硬的发射台撞击,引爆装填火药并将弹丸发射出去,三个铳管可以连着射击。三眼铳的尾部有可以用手握的柄座,安装有长度不一样的木杆用来握持,这样可以保障射手的人生安全。

三眼铳这种火器出现最多的时期是在明朝,不过它的射程比较近,和弓弩是没法比的;装填速度也不快。因此,三眼铳并没有多大的发展前景,渐渐也就被人遗忘了,但是三眼铳在民间却十分流行,一直到今天还有人在用,百姓使用只装火药不装铸铁球的三眼铳,用来做驱魔之类的驱邪工具,有点像鞭炮的作用。现在在我国偏远的南方地区,比如一些客家族的聚集区,还能看到三眼铳和这类驱邪活动的存在。

三眼铳

⊙史实链接

三眼铳虽然铳管并不长,不能按照三点一线去瞄准目标,不过它在几十步内还是非常有威力和射击精度的。明朝一步为五尺即1.635米,量地尺为32.7厘米,营造尺为32厘米,裁衣尺为34厘米。三眼铳的杀伤力最强的范围在30步内，也就是49.05米，可破重铠；50步（81.75米）之外能重创不披甲目标，百步（163.5米）之外，其威力就比较弱了。

  明朝兵书里所记载的火器射击距离多是不可信的，因为作者有时为了刻意保密会夸大其辞，《火攻挈要》自序中云："惟赵氏（成书于1603年，详述鸟铳制造和用法的《神器谱》的作者赵士桢）藏书海外，祝融佐理，其中法则规制，悉皆西洋正传；然以事关军机，多有慎密，不详载，不明言者，以致不获兹器之大观，甚为折中者之所歉也。"

  有专家初略地估算过，《神器谱》的火器，它的真正射程其实只有书上所说的一半，也就是被夸大了一倍。翼虎铳火药的铅弹质量和铳管的长度和我们这里所提到的三眼铳有点类似，《神器谱》说他"用之于百步之内为宜。步下：五六十步方能透甲。马上：二三十步方能命中。"射程折半计算就是30步之内方能破甲。

⊙ 古今评说

  三眼铳从明朝以后盛行了近300年，许多明朝的兵书对于它的型制说明含糊不清，甚至一笔带过，不是明朝人太懒，而是因为这对他们来说是再熟悉不过的，用不着细说。等到火绳枪技术发展到一定程度后，明军又迅速列装了火绳枪——鸟铳（在下一节中我们会继续介绍鸟铳的相关信息）。不过这个时候，三眼铳仍然存在于明军装备序列里。在明朝，鸟铳终究没能够完全替换这些正常来说应该被淘汰的武器。

新式火绳枪——鸟铳

⊙拾遗钩沉

鸟铳是明朝对新式火绳枪的统称。这种火绳枪起名鸟铳，是因为枪的枪口大小和鸟嘴相似。到清朝时，它又有了一个新的名称——鸟枪。

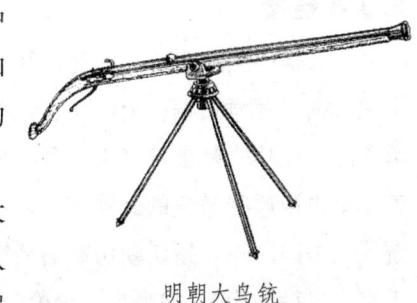

明朝大鸟铳

鸟铳是如何发明的呢？中国古代的伟大发明火药，在14世纪左右时由阿拉伯人带入到了欧洲，后来经过欧洲发明家们对火器的不断研究和改进，制成了远远比明朝初期火铳使用更方便、性能更佳、构造更合理的新型枪炮，等这种新型枪炮再次传回中国，就变成了我们这里提到的鸟铳。

明朝嘉靖元年（1522年），明朝军队在广东新会西草湾之战中，曾经缴获了葡萄牙舰船将近两船的西洋火绳枪。1548年，又在和倭寇的对抗中缴获了日本的火绳枪。明朝的兵仗局非常看重这些缴获的仿制火绳枪，加以改进制成了鸟铳。

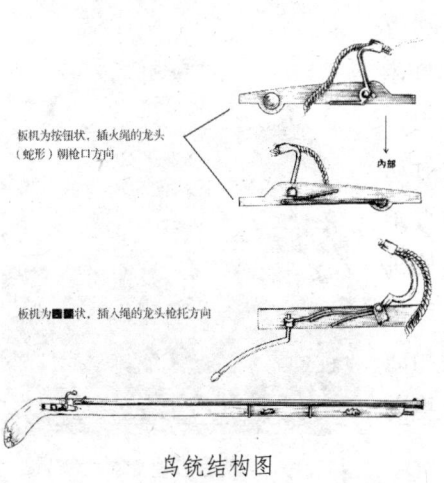

鸟铳结构图

鸟铳和明朝初期时用到的手持火铳相比较，鸟铳口径较小，身管较长，发射同口径的圆铅弹，侵彻力较强，射程较远，且增设了照门和准星。

鸟铳的外形、基本结构，和近代步

枪非常接近,是近代步枪的早期雏形。鸟铳改变了以往的用手点发火,枪柄由插在火铳尾銎内的直形木把改为托住铳管的曲形木托,持枪射击时由两手后握改为一手后握枪柄,一手前托枪身,如此一来瞄准更准确,射击精度也大大提高了。

鸟铳由准星、枪管、枪机、火药池、枪柄等部件组成。在使用时通过预燃的火绳和扣动枪机,带动火绳点燃火药池内压实的火药,借助火药燃气的爆发力将里面的弹药弹出去。鸟铳是明清两朝军队的主要轻型武器装备之一。

⊙ 史实链接

火药是中国发明的,而鸟铳其实是欧洲人发明的,明朝时经日本再次传入中国。据《筹海图编》上的文字记载,明朝嘉靖年间(1548年),明朝军队奋勇杀敌,成功收复被日本人、葡萄牙人占据的双屿,获鸟铳及善制鸟铳者。明朝廷很重视这些缴获的武器装备,遂命仿制。也是在这个时候,又有土耳其鸟铳传入中国。一开始明朝仿制的鸟铳分为滑膛、前装、火绳枪机。枪质量2～4千克,口径约为9～13毫米,全枪长1.3～2米,枪管长1～1.5米,射程150～300米,弹重3～11克。每名鸟铳手配备药罐一个,铅弹300发。每发射一次,要经过装发射药、用搠杖捣实药、装铅子、捣实铅子、开火门、下点火药、闭火门等非常繁琐的动作,发射速度非常慢。

鸟铳由日本人传入中国后,当时的许多火器专家开始研究它的结构,明万历二十六年(1598年),赵士桢搜寻到"鲁迷鸟铳",遂加以改进,把枪机置于枪托内,"拨之则前,火燃自回",简化了发射动作。明崇祯八年(1635年),毕懋康著《军器图说》,载有"自生火铳",改火绳枪机为燧发枪机,提高了鸟铳的防水能力。等到清朝时,戴梓制成"连珠铳",可交替扣动两个扳机,连续发射28发弹丸,这大大提高了鸟铳的速率,增强鸟铳的威力。

明崇祯皇帝

⊙ **古今评说**

　　鸟铳的结构是现代步枪的雏形，尤其在明朝、清朝时，鸟铳这种现在看来非常古老的射击武器，当时可是起到了巨大的作用，鸟铳和别的火器一样，也在使用过程中被一代又一代的火器专家不断改进，射程方面逐渐改良。不过清朝后期，鸟铳无较大发展，仅在鸦片战争前，出现一种抬枪，是由两个人抬着点火发射，成为鸟铳的升级版。

新型火药兵器——佛郎机

⊙拾遗钩沉

佛郎机也称作西文火炮。原本是明朝时人们对西班牙和葡萄牙的一种称号。近代以前阿拉伯人、土耳其人和其他的东方民族对欧洲人的泛称中,波斯语作 Firangi,印度斯坦语作 Farangi,其实都是法兰克(Frank)一词的音译。

法兰克是6世纪的一个日耳曼部落,曾征服了法兰西。东方的伊斯兰教徒和法兰克人早有接触,所以后来大家习惯把欧洲人和一些西方的基督教徒叫作佛郎机。古代的中国人称葡萄牙为佛郎机,是从东南亚的伊斯兰教徒那边学过来的,也是音译。

佛郎机是15~16世纪初,在欧洲非常流行的一种火炮,它还有一个名字叫作速射炮,可以连着开火,弹射出去的时候如同蛇在喷火。当时是由葡萄牙人带入到欧洲的,明朝时称葡萄牙为佛郎机,所以葡萄牙人带过来的火炮也被叫作了佛郎机炮。

佛郎机炮大体上是由这三部分构成:炮管、子炮、炮腹,是一种铁制后装滑膛加农炮。开炮的时候,先将火药弹丸填入子炮中,然后把子炮装入炮腹中,引燃子炮火门进行射击。佛郎机的炮腹相当粗大,一般在炮尾设有转向用的舵杆,炮管上有准星和照门。但限于当时的技术水平,佛郎机大炮的缺点是子炮与炮腹间缝隙公差大,易造成火药气体泄漏,因此不具备红夷大炮远射程的优点。

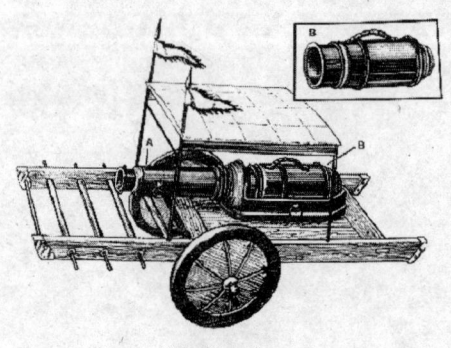

佛郎机大炮

⊙ 史实链接

　　15世纪时，从欧洲到东方的新航路被发现以后，西方许多殖民者纷纷前往东方来。明朝正德年间，葡萄牙人乘船到了广东沿海一带，开始和明朝有贸易往来，当时的明朝人称葡萄牙人为佛郎机。嘉靖元年（1522年），葡萄牙的殖民者侵扰广东一带的居民，被明朝政府驱逐出境。后来，这些被没赶出多远的葡萄牙人在广东东莞等地筑室立寨，掠买良民，无恶不作，除了广东，他们还开始侵犯闽浙，后来又回寇广东。

　　在东南沿海流窜多年的葡萄牙殖民者贿买海道副使汪柏，终于拿下了澳门的居住权，后来又通过每年向清朝政府缴纳岁费、租金等，获得经商和贸易的许可。等到清朝统一中国后，已经变成每年只需要向朝廷缴纳租金。1887年12月1日，葡萄牙还强迫当时懦弱的清朝政府签订不平等的《中葡和好通商条约》和《中葡会议草约》，霸占了澳门。

　　明隆庆五年（1571年），西班牙人侵占了现今的菲律宾国，且把它当作自己的基地，开始向中国扩展势力范围。明朝的人分不清葡萄牙和西班牙，甚至把菲律宾的西班牙也叫作佛郎机。此外，佛郎机也是佛郎机炮的简略称号，清朝时，还有人把法兰西也叫作佛郎机的。

⊙ 古今评说

　　佛郎机火炮是前装式火器向现代炮的一个过渡，有母铳和子铳两种。子铳数量比较多，战时将子铳装入母铳后槽，点燃引信就能发射；再次发射时，需要更换子铳。佛郎机大炮的大体构造可以概括为两点：定装弹药、后装炮。我们可以这样定义，佛郎机大炮不仅是后装炮的鼻祖，也是近现代金属定装弹药的原型！

红夷炮的引进和发展

⊙ 拾遗钩沉

红夷大炮是16世纪时欧洲人制造的一种火炮,后传入中国,也被当时的明朝称之为红衣大炮。红夷大炮在设计上有自身优点,红夷大炮的管壁很厚,炮管长,从炮口到炮尾是渐渐加粗的,这符合火药燃烧时膛压从高到底的原理,炮的重心两侧有圆柱型的炮耳,火炮就以这个为轴来调节射角,配合火药用量来改变射程。

明朝红夷大炮

红夷大炮上设有照门和准星,射击精度很高,依照抛物线来计算弹道。多数的红夷大炮口径110～130毫米,长在3米左右,重量在2吨以上。

古代提到的"红夷",多指葡萄牙和荷兰,所以很多人认为红夷大炮是从荷兰进口的,不过当时明朝已经将所有从西方进口的前装滑膛加农炮都叫作红夷大炮。且明朝的官员还喜欢在这些巨型炮上盖上红布,渐渐就被称为"红衣"大炮。

有专家曾考证过,当时明朝进口的红夷大炮有一些就是从荷兰进口的,后来朝廷因为台湾问题和荷兰人交战,于是战场上需要的红衣大炮多是与澳门的葡萄牙人交易得来的。明朝当时对红衣大炮的需求量极大,葡萄牙人兼做中间商,将英国的舰载加农炮卖给中国朝廷。

明代前期所制作的大口火铳在原理上和红衣大炮是基本一致的,构造都是前装滑膛火门点火型的,不过具体做出来就有一定的区别了。明朝前期的火铳大部分用铜来做为原材料,内膛看上去是喇叭型的,炮管显得单薄,从它的口径来看,炮管显得有点短,外部形状基本上与现存最早的元朝"碗口铳"是一样的。

⊙ 史实链接

17世纪时,明朝廷从澳门葡萄牙人手上买来红衣炮并模仿制造,这是一种前装滑膛炮,也就是后来欧洲的寇非林长炮,这种炮在当时的英国和荷兰战舰中应用较多。《明史》中有明确文字记载红夷炮的性能:"其后(指输入佛郎机炮以后),大西洋船至,夏得百炮,曰红夷。长二丈余,重者至三千斤,能洞裂石城,震数十里。"由此观之,红夷炮身管长度达二丈(一丈≈3.33米)余,而佛郎机炮的身管却只有五六尺(1尺≈0.33米)。

1639~1642年,清军和明军双方展开大战,都使用了红衣大炮,明军在关内加紧红衣大炮的铸造,清廷军队则把红夷炮用于大规模的攻坚和野战。仅在松山一役中,清军就调运了炮弹万颗,炸药万斤,红夷炮37门,以便前阵备用。清军由于火炮量有限,质量低劣,

美丽的大西洋

攻城时,总是攻不下来,所以攻坚战经常被看作是畏途。松锦一降,清军再攻坚城,炸毁城墙近百米,这在以前明清战争史上是首次出现。

明朝对清军的火炮威力也诧异不已,如1639年明将樊成功口报:"达贼将松山25、26两日狠攻,城中拾得打进炮子601余个,俱重十余斤,目下南墙所装红夷炮37门。"

这个时候的火铳与红夷大炮相比较而言,火药填装的量已经变少,火药气体密封也不是很好,所以射程比较近,此外还容易很快变热,射速也很慢,用铜为材质虽然不容易炸膛,不过费用比较高(原因在于铜是铸造货币的一种金属),此外铜的硬度也不够,每次射击都会造成炮膛扩张,射程和精准度都不好,作为武器来讲,唯一的好处是重量轻。在动辄上百千斤的红衣大炮面前,

明朝前期使用的火铳实在没什么威慑力。

⊙古今评说

　　红夷大炮在实战中的出色表现，引起了当时朝廷的重视，除了进口大量的红夷大炮外，当时的朝廷还大量仿制。明末后，朝廷的国力衰弱，无法进口和铸造更多昂贵的红夷大炮。不过，自此以后，红夷大炮渐渐成为了明朝军中重型火器的中流砥柱，原来的重型大炮也因此被淘汰掉。

喷火器具——猛火油柜

⊙拾遗钩沉

"猛火油柜"是我国古时候战争中用到的一种喷火器具。它也是世界上已知的最早的可以连续喷发出火焰的喷射器。猛火油柜中的猛火油其实就是指石油。早在两千多年以前，富有创造力的中国劳动人民就发现并使用了石油。古代人把原油叫作"石漆"，到了唐朝以后，人们习惯把石油叫作"石脂水"。五代时，石油又变了一个名字，叫作"猛火油"，直到宋朝才正式更名为"石油"。

宋朝的沈括第一次提出"石油"这个名字。石油在战争中早有应用，在南北朝以后，石油就开始被应用在战争的火攻中。公元913年，后梁王李霸在山东杨刘发动叛乱，曾用"长竿缚布沃曲"，焚烧杨刘城的建国门，而石油就是当时所用到的纵火材料之一，这是有关石油用于火攻的最早记录。后晋李存勖曾两次使用石油纵火剂燔烧敌军，使得梁军节节败退，扭转了战争的局势。

到了宋朝，火药在军事上的应用不断增多，古代的军事家们不断研究发明了世界上最早的能连续喷火的火焰喷射器——猛火油柜，并用来做军队的装备。它的构造及原理，和现代的火焰喷射器极其相似。

古代科学家沈括

⊙史实链接

约在西汉末年，中国发现并开始使用石油，南北朝以后，石油成为火攻的主要材料。到北宋时，火药开始用于军事战争中，当时的军队有了更先进的武器装备——"猛火油柜"。

据《武经总要》记载，这种火器以猛火油作为燃料，上有四个铜管，下有四脚，管上横着放置一个唧筒，和油柜是相通的，每一次注入油大约1.5千克左右。唧筒前部装有"火楼"，里面放的是引火药。发射的时候用烧红的烙锥去点燃引火药，然后用力抽拉唧筒，向油柜中压缩空气，让猛火油经过"火楼"喷发出来时，遇热点燃变成烈焰，以对敌人造成伤害。在战争中，多是用来焚毁战具和烧伤敌人。在水战里也可以使用到，用来焚烧浮桥和战舰等。还有一种猛火油柜是用于守城战和水战的小型喷火器，此种油柜是铜葫芦制造成的，为的是方便携带和随时移动。

在战争中使用猛火油柜的鼎盛时期是在中国的五代和宋朝、金朝和辽元时期，而在此之前，我国古代的火攻多是用一些薪柴膏油之类的东西，手段非常简陋。猛火油的威力相对而言要大很多，且有水越浇火越大的趋势。《新五代史·杨密传》记载，后梁末帝贞明三年，契丹主就收到了吴王杨隆滨送来的礼物——猛火油，"攻城，以此油燃火焚楼橹，敌以水沃之，火愈炽"。

猛火油柜

⊙古今评说

猛火油柜应用得最娴熟的是在我国宋朝，宋朝对火器设备制造十分重视，甚至在京城设立了军器监（是一个专门制造武器的机构，军器监下设十一作，猛火油就是其中的一作）。猛火油多是用在防御战役中，譬如守城。

因为火药在中国发展的技术日趋成熟，猛火油柜在战争中所起到的作用并没有像希腊火对欧洲文明一样产生深远巨大的影响。也是因为这一点，在火器非常发达的明朝和清朝时期，有关猛火油的记载就已经非常少了。

北宋火器——震天雷

⊙ 拾遗钩沉

　　震天雷是北宋后期发明的一种火器，它的外形粗大，里面盛有火药，外面包着一层生铁，上面安装有引信，使用的时候根据目标远近，决定引线该多长。拉动引信后可以将生铁外壳炸成碎片，甚至可以打穿铁甲。

　　我们所知道的震天雷分两种：一种是用火去点燃，点燃后即会爆炸，比如守城战役时，拉动引信后从城墙上向下面扔去，爆炸的效果有点像现在的手榴弹；另外一种是使用火来点燃，用投石机来发射，发射到远一点的地方再爆炸。

　　北宋是一个火器应用非常多的朝代，宋朝在攻打南唐时就曾经使用过"火炮"，这就是一种使用能够燃烧弹丸的投石机。北宋朝廷在今天的南京、湖北等地建立了火药制造坊，制造了火箭、火炮等可燃性的武器装备。

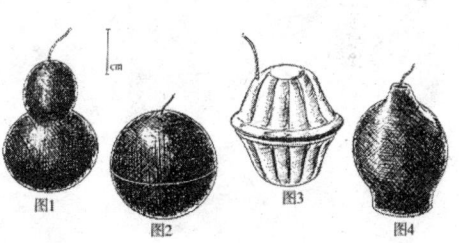

各种形状的震天雷

⊙ 史实链接

　　宋敏求在《东京记》就写到过当时造火药的工厂叫"火药窑子作"。这时的弹丸已具备可爆炸性的特点，声音听上去有点像霹雳，所以又被叫作"霹雳炮"。靖康元年（1126年）金人攻打汴京时，当时的守城将领李纲曾用霹雳炮击退过侵扰的金兵，"夜发霹雳炮以击贼，军皆惊呼"。

　　据《金史》中的文字载，赤盏合喜守汴京时（大概在金天兴1232年），

"其守城之具有火炮名'震天雷'者，铁罐盛药，以火点之，炮起火发，其声如雷，闻百里外，所爇围半亩之上，火点著甲铁皆透"。

⊙古今评说

　　震天雷是一种可投掷的可燃性火器，和我们近现代的手榴弹非常相似，其实除了手榴弹，现代军事战争中用到的一种叫作"钛雷"的烟花弹和震天雷也非常相似。2010年，中远航运股份有限公司所属"乐从"轮在阿拉伯海被海盗突袭，在对抗时就曾施放了"钛雷"，用高压水枪等防御器具，阻止海盗的登轮。网友在讨论这一话题时，误解为震天雷，其实"钛雷"并非震天雷，而是一种发射升空后有较多尾焰和较大爆炸声的烟花弹，有时被用作机场驱鸟。

手榴弹

投掷武器——毒火球

⊙拾遗钩沉

毒火球可以用火炮来投掷，也可以用弩、床子弩、弓或者火箭等发射出去，是一种具有较大杀伤力的火球，可以把它看做是世界上最早的毒气弹。毒火球制作方法是将所有原料捣碎成为一个球，再用一条重半斤（250克）长一丈二尺的麻绳从球中间穿过当做玄子，然后将很厚的废纸十二两（此为老秤，500克为16两）半、

床子弩

沥青二两半、麻皮十两、黄丹一两一分、炭末半两、黄虫葛二两半，捣碎合在一起包于球外。这种火器发射出去后不仅会炸伤敌人，还会让敌人出现中毒的症状。

毒火球在火球中间加入了毒药，用于火攻，是用火药制成的一种燃烧性火器。火球的成分除了硝、炭、硫之外，大部分是一些可燃性的物质，比如麻茹、小油、黄蜡、竹茹、桐油、沥青等。火球是宋朝时创造的一种初级武器，品种很多，光《武经总要》中的记载，就有8种火球的图绘、使用方法的文字说明。

⊙史实链接

据《宋会要职官三十之七》的文字记载，汴梁开始专门设有制造攻城器械作坊的时代是宋仁宗天圣元年，当时的武器作坊已经具有严格的操作流程，制造的工匠们都必须牢牢记住这些规程，而且朝廷命令禁止将制造的技术流程外传。

汴梁现河南开封

宋朝各类火药作坊的建立，意味着北宋的火药配制已经从部分手工业者分散操作转向了大型作坊的批量生产，这和当时朝廷对火器发明者实行奖励政策是息息相关的。在朝廷奖励政策的鼓舞下，东京汴梁和地方一些驻军中的将领，也都开始尝试火器的研制。

据《宋史·兵十一》记载，开宝三年（公元970年）五月，兵部令史冯继升（在兵部主管兵器制造的官员）向朝廷进献了火箭法，因为试验非常成功，而受到当时朝廷"衣物束帛"的赏赐。在这种良好的氛围下，京外一些地方驻军的将领，也争相开展火器的研制。

朝廷对火器武器研制的鼓励政策，使得火器研制变成一种流行，当时的朝廷也组织了官员把火器研制的成果记载成书，在全国范围内发行传播，以指导各地学习制造和使用火器。其中流传至今的著名书籍是《武经总要》。这本书是在宋仁宗于宝元三年，由天章阁待制曾公亮等人编写的，经过四年的努力才编辑成书，分前后两集，各20卷。《武经总要》是我国第一部内容丰富的军事百科全书，用大量篇幅介绍了"器械名数，攻取之具，守拒之用"，并绘制了相应的图形，书中的内容详尽，几乎尽数描写了北宋以前历代军事技术成果的各个方面。同样，它也完整记载了火球与火药箭两类火器的制造方法和使用说明。

⊙古今评说

毒火球等火器的发明和使用，和当时政府对火器研制的鼓励政策是分不开的。北宋时期，随着火药的发明，各类火器的研制随之而来，火球是北宋初创制的两类初级火器其中的一类。北宋初期的朝廷，除了鼓励研制各类用于防御的火器外，也兴修水利，奖励开垦荒地，惩办贪官污吏，促使农业和经济得到了快速的发展，而农业生产的蒸蒸日上，又促进了手工业和科学技术的发展，故宋朝是兵器制造的一个繁盛时代。

多管型火绳枪——迅雷铳

⊙拾遗钩沉

迅雷铳是明朝的火器专家赵士桢所创造的一种多管型的火绳枪，这种火器吸收了前面鸟铳和三眼铳的长处，铳身上放置有五个铳管，每次发射完一枪后需要转72°来发射另外的一管。铳管上装有圆牌作护卫用，射击的时候支撑铳身的斧子，可以在射完后用来防御。这种五管后铳身的前端可以发射出火球焚烧敌军。

迅雷铳的结构比较复杂，操作起来非常费时，在两方作战的时候，很难在短时间内排成战阵。而等到五个铳管都发射完成后，重新装填又非常费事。由于有许多配件可在战争中使用（火铳、做支架用的斧子、铳身内的火球、铳管尾部的尖刺），士兵们经常是处在"选择超载"的状态。所以迅雷铳很难在战争中被广泛使用。

迅雷铳

⊙史实链接

迅雷铳，是单兵多管火器的一种，又被叫作多管转膛炮，这种火器的发明是参考了土耳其类似火器，最大的可以有18管之多，使用燧石或者是火绳来击发，加上外罩后看上去像琵琶。和别的火器不同，迅雷发射完成后也可以被当作冷兵器使用。日本、朝鲜的火枪队是完全无法去正面和装备有这些武器的明军对抗的。

燧石

1598年，赵士祯参照鸟铳发明了迅雷铳，迅雷铳一共装备有五个枪管，每个枪管都长达两尺多，重量约为5千克左右。枪管安装在前后两个圆盘上，长木柄在中央位置，柄上设有发火装置的"机匣"，另外还有小斧和一个半径为1.6尺的圆牌作为后备。它的柄末端装是用来装枪头的，每一个枪管上都安装了准星和照门。发射时将圆牌套在铳上，用来架枪的小斧倒插在地上，让机匣上的龙头和其中的一支枪管火门相对应，想让其发火，按一下龙头就可，五支枪管可以挨个转动射击。假如五枪都放完了又来不及装填弹药的话，可以去掉圆牌倒转枪杆，用长枪头去刺杀已经逼近自己的敌人。

⊙ 古今评说

迅雷铳这种上面装设有瞄准器的多管枪，相比之前的火枪加长了枪管，射击口径也缩小了不少。它的发射速度和射击范围都有了显著提高。尤为重要的是大大提高了在战场中的命中率，射击机构更趋科学和精密。有的枪采用多管式轮转射击的方式，和近现代的机关枪有点类似，在射击中能够连续发射，不会让敌人有喘息的机会。从这些特点上可以看出，这类火枪在某些方面上已经接近现代的步枪了。

sd5机关枪

单兵火绳枪——五雷神机

⊙拾遗钩沉

五雷神机是古代的一种火器武器,发明于明朝。五雷神机是一种五管的火绳枪,管身是用铁制造的,重2.5千克,管身长1.5尺,每一个管身都是围柄而排列,管内装药2钱,有准星,铅弹一枚,五个管身共用一个火门,枪管能够自由旋转,点火发射后会转到下一个管身,平均射击范围可以达到120步(每步约为5尺),射击距离约100~200米。

⊙史实链接

据史料的记载,当年的鸦片战争中,英国侵略者攻入北京城后,在北京城的一个仓库中偶然发现了一批明朝遗留下来的火器,这些火器已经原封不动在仓库里保存了200多年,其中有些甚至比当时英军已经在使用的武器还要先进,其中就包括了五雷神机。

⊙古今评说

明朝发明的五雷神机是世界上最早的左轮枪,是伟大的军事家戚继光在北方战线防卫蒙古军队的发明,它分为三眼、五眼、七眼等多种规格,使用的时候,通常需要几个人配合,二人一组射击,一个人支架转动枪管,另外一个人瞄准射击。就算是现在的人们,还是会惊赞发明五雷神机的古人,在当时的条件下,对于军队而言,这算是一种非常先进的武器装备了。

总之,不得不说一句,

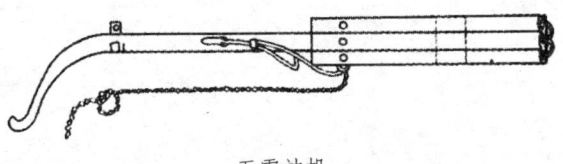

五雷神机

我国的明朝发明家是非常聪明的，他们发明的许多火器诸如五雷神机等，和同时期的欧洲火器比更胜一筹。不过清朝后，由于当时政府的错误政策，使得我们国家的科学技术停滞不前，远远落后于欧洲各国。

雄壮威武的虎蹲炮

⊙ 拾遗钩沉

虎蹲炮在古代历史上很有名气，是戚家军的一种装备火炮。当时为了射击时更加方便，把炮摆成同样一个姿势，看上去有点像老虎在蹲坐着，所以起名为虎蹲炮。虎蹲炮适合在森林、山岭和水田等大炮不好搬运的地域使用。

明朝是火器发明多、军事发达的朝代，虎蹲炮也是在明朝嘉靖年间创造出来的。明朝中期，中国东南山区倭患很严重，军队在和倭寇的抗争中，因为水田地形复杂，沟渠纵横，兵器家们根据当时的需要研制了这种武器。

虎蹲炮的头部和尾部加起来长度为两尺，炮头由两只铁爪架起，周身加了七道铁箍，另外有铁绊，这些加在一起重达18千克，看起来威风极了。在发射前得用大铁钉将炮身固定于地面，每一次发射能够填充约5钱重的小铅子或者小石子约100枚。压顶多是用一个重量约30两的大铅弹或大石弹，发射的时候，大小子弹会一起飞出去，声如雷鸣，覆盖范围和杀伤力都非常大，尤其适合在野战中使用，

雄壮威武的虎蹲炮

轰击倭寇密集的作战队形，有效地抑制敌军疯狂的攻击。所以在后来抗击倭寇的战争中，戚家军每500人会配备三门虎蹲炮。

⊙ 史实链接

虎蹲炮使用的鼎盛时期是明朝中叶，在多数人的印象里，明朝是使用枪、

剑、刀、戟等冷兵器的时代（在影视剧里比较多见），不过事实并非如此，明朝是虎蹲炮等火器的大发展时期，在明太祖开国时期，军队就装备了大量火器。

在北伐蒙元的多次战役中，火器起到了不可小觑的作用。洪武十三年规定，"凡军一百户"，要有铳手10名，刀牌手20名，弓箭手30名、枪手40名。这当中，装备火器的铳手占了编制的近一成。

明成祖即位后，重视军事的他更是组织建设了世界上第一个专门装备火器的新兵种——神机营。和欧洲人创建的火枪兵比较，这整整领先了一个世纪。神机营刚建立不久，就和当时在蒙古草原的鞑靼、瓦剌的骑兵进行了激烈的战斗，凭借火力上的绝对优势，在战场上立下赫赫战功。

明太祖朱元璋

明朝廷重视火器研制，在明成化年间，军队中使用火器的军人占军队总编制的1/3左右，而到了嘉靖年间，还有了步兵营这种新的兵种，这个时候军队中使用火器的军人已经占了整个军队编制的一半左右。此类步兵营就驻扎在今天的湖北一带，由伟大的将领戚继光领导。

最初，戚继光带领的戚家军在东南沿海一带与倭寇作战时，发现鸟铳与佛朗机在使用时非常不方便，"鸟铳虽准而力小，遇上大队敌人时难以抵挡，难守险阻，难张威武"，"佛朗机则拿着不方便太重，也难以扛行"，由此计划要研制一种比鸟铳力大、能防御更多敌人的火器，这就是传说中的"虎蹲炮"。这种炮"比鸟铳，一可当百"；和佛朗机相比又轻得多，携带起来非常方便，野战的时候灵活性强，防御则可控扼险隘。虎蹲炮是为了弥补一些外国火器的缺点而研制的一种在当时看来非常新颖的炮种，可算为国产火器争了光。

抗倭将领戚继光

⊙ **古今评说**

　　明朝的军事非常发达，所以我们在介绍某种火器时，经常会提到是在明朝发明的。提到明朝的火器，虎蹲炮是绝对不能落下的。在虎蹲炮之前的火器，如鸟铳，虽然拿起来方便，但无法抵抗大队人马，而佛朗机又太笨重，防御和攻击性都不如虎蹲炮。虎蹲炮的发明，是古代军事武器研制的一个重大突破。

二、形形色色的古代火器

三、古代杰出的军事家

战国军事家——孙膑

⊙拾遗钩沉

春秋时期军事家孙子

孙膑的出生年月有待考证，后人并不知道他的真实名字，因为曾遭受过膑刑（被去掉膝盖骨），所以后人就把他叫作孙膑。据《史记·孙子吴起列传》说，孙膑是孙子的后代，孙膑在孙子死后100多年才出生的。

孙膑生于阿、鄄之间（就是现在的山东省阳谷、菏泽一带），是我国战国时的著名军事家，兵家代表人物。孙膑曾经和庞涓在一个学校上学，因受庞涓迫害遭受膑刑，变成了残疾之身，后来得到齐国使者的帮助而效力于齐国，被齐威王任命为军师，帮助齐国的大将——我们所熟知的田忌在马陵之战和桂陵之战中两次打败庞涓，奠定了齐国的霸业。

老年后的孙膑潜心于撰写军事书籍，深居简出。深秋的一天，孙膑从放得满满的几案上抬起头，看着外面秋风中翩翩落下的枯叶，不由得把目光转向了自己残疾的双腿，一时间勾起了从前那些艰难坎坷、令人难以忘记的经历。他的一生经历风云，最后终于

齐国军师孙膑

归于平静。

⊙ 史实链接

孙膑和庞涓曾经是同学，后来庞涓为魏惠王将军，因为庞涓嫉妒孙膑的才能，担心孙膑有一天会超过他，骗孙膑到魏国，使用奸计，使孙膑被处以膑刑。齐人欣赏孙膑的才能，齐国使者偷偷救孙膑回齐国，受到齐国大将军田忌的重用。后来又因为历史上有名的"田忌赛马"事件，孙膑被引荐给齐威王，成为了齐国的军师。孙膑曾经历马陵之战，身居辎车，计杀庞涓，打败魏军。著作有《孙膑兵法》，不过一部分已经失传了。1972年，山东省临沂银雀山汉墓中挖掘出土有《孙膑兵法》的部分残骸，现在珍藏于临沂竹简博物馆中，该书有约1万字。

战争是每一秒都在不断变化的，所以在两军交战时要及时抓住有利战机。孙膑把弓弩比喻为"势"，说明战时要争取有利于我不利于敌的绝对优势，置敌于死地。

孙膑在他的兵书中还指出，作战时要注意利用各种地形为自己创造有利条件，他在《官一》篇中说：在山险中作战，要放开谷口，把敌人引出山谷来交战。在杂草丛生的地方作战，要虚设旌旗，诱敌深入，进行消灭。"险（地势险阻）则多其骑，易（地形平坦）则多其车，厄（山陵狭谷地带）则多其弩"。自己要抢占有利地势，对处于不利地势的敌人发动攻击。总之，战争中孙膑主张把握有利战机，巧妙利用一切有利的条件，以取得战争的胜利。

此外，孙膑也指出了战争中最重要的是人，他在《月战》篇中说"间于天地之间，莫贵于人"，这是人文思想的重要表现，古代的人文思想从春秋时期萌芽，战国时也有一股强大的思潮。在没有把人当人看的年代里，孙膑大胆提出了人的重要性，无疑在现在看来他当时的思想是非常进步的。孙膑与孟子一样，也提出决定战争胜负的三要素是天时、地利、人和。他说："天时、地利、

战国时期思想家孟子

人和三者不得，虽胜有殃。"所谓"人和"，就是得众、得人心。"得众者，胜"，"不得众者，不胜"。

⊙古今评说

孙膑是一位伟大的军事家、思想家，他根据自己实际经验和潜心研究撰写的《孙膑兵法》一书，是中国流传了近2000年的奇书。当然，作为2000多年前的历史文化遗产，现在看来难免会不足和局限。例如：它杂有阴阳五行的神秘成分，认为日月星辰可以影响战争的胜负。这种观点是不科学的，但这并不足以影响后人对他的尊敬和喜爱。该书是战国时战争实践的理论总结，总结了许多先辈们的经验，在我国的军事思想史上占有举足轻重的地位。

赵国名将——李牧

⊙拾遗钩沉

李牧，出生年月不详，嬴姓，李氏，名牧。汉族，战国时期赵国的著名将领。李牧战功显赫，平生经历的大小战役竟然没有一次是失败的。李牧生平事迹大致可以分为两个阶段，一是在赵国的北方抗击匈奴；二是带领赵军抵御秦国。他与王翦、白起、廉颇一起被后人称之为"战国四将"（《千字文》："起翦颇牧，用军最精。宣威沙漠，驰誉丹青"）。后来，因为战功显赫而得到武安君的敕封。公元前229年，赵王偏信了秦国的离间计，听信奸臣的谗言，罢免了李牧的兵权，不久后李牧被害。李牧死后不到三个月，赵国就被秦国所灭。

战国时期军事家李牧

李牧是鬼谷子的徒弟。赵惠文王执政期间，赵国的北方经常受到匈奴的侵扰，匈奴军事日益强大，常常在赵国边境抢掠，于是赵惠文王派李牧在今天的雁门等地抵御匈奴。李牧在防御边关方面提出了很多自己的想法，他在边关采取积极防御策略，规定"匈奴入盗，急入收保，有敢捕虏者斩"，要求部下在遇到敌军的突袭时，一律快速进入营垒坚守，不要随便出战，同时他也非常重视对军队的训练，以提高边防军的战斗力。由于李牧连续几年都在养兵，并没有出战，匈奴认为李牧胆怯，赵王也对李牧的这种做法非常不满意，于是派人替换了李牧。

结果替代李牧的新将领为了讨赵王的欢心，贸然出击，折损颇多。赵王没有办法，只得又任用李牧。李牧要求赵王不得干涉他的策略，赵王答应了。李牧再次回到北方的防御地，经过数年的经营，他手下的军队兵强马壮，战斗力得到了很大的提升。李牧觉得此时时机成熟，让百姓出城放牧，故意吸引匈奴来犯。匈奴刚开始只是用小股骑兵试探，李牧假装抵挡不住逃跑，一触即溃，于是匈奴大举进攻，却遭到李牧伏兵的左右夹击损失10万骑兵，损失惨重。后来匈奴元气大伤，连续十来年都没有能力再来侵犯赵国疆土。

⊙ 史实链接

公元前260年，赵国和秦国发生了历史上著名的长平之战，那次战役以后，两国的国力都不如从前，为了应对各自国内的问题，在赵孝成王二十年（公元前246年），两国达成协议，暂时维持和平的关系。李牧作为赵国的使者出使秦国。公元前245年，赵孝成王过世了，赵国的大将廉颇和乐乘因为王位的继承问题意见不统一而各自出走他国，新王赵悼襄王只能请李牧回来继续管理军事。

赵国军事家廉颇

李牧是战国时期难得的将才，深得军民的爱戴，在军队中有很高的威望。在他一生经历的诸多战役中，无一败绩，这也足以看出他是一个具有高超军事指挥艺术的将领。尤其是破匈奴之战和肥之战，前者是中国战争史中以步兵大兵团全歼骑兵大兵团的典型战例，后者则是围歼战的范例。他的无辜被害，使赵国自毁长城，也让千百年后的我们无不扼腕叹惜，其经历与秦国武安君白起又何等相似。

胡三省注《资治通鉴》时，将李牧的被害和赵国灭亡直接联系在一起，"赵之所恃者李牧，而卒杀之，以速其亡"。司马迁在《史记·赵世家》中说赵王迁"其母倡也"，"索无行，信谗，故诛其良将李牧用郭开"。司马迁因赵王而

西汉史学家司马迁

迁怒其母，可以看出他在赵牧的事情上是多么愤慨。

⊙古今评说

战国是中国历史上的一个重要时期，是各种文化和思想交流、政治大变革的时代，乱世出英雄。李牧是战国的伟大军事将才，赵国的民族英雄。从各方面来看，李牧都是战国时东方六国中少数能和秦国对抗的伟大将领之一。苏洵在《六国论》中很惋惜地说道："洎牧以谗诛，邯郸为郡。惜其用武而不终也。"前一句说得有道理，如果李牧没有被错杀，秦赵之间谁输谁赢还不一定呢。

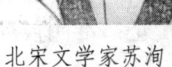

北宋文学家苏洵

西汉开国功臣——韩信

⊙ 拾遗钩沉

大家对韩信,这个名字应该不会陌生。他是汉初三杰之一(汉初三杰分别是萧何、张良、韩信),西汉的开国功臣,也是我国历史上声望极高的军事家。他曾为齐王、楚王,后贬为淮阴侯。他为汉朝的建立立下了汗马功劳,不过最后因为功高盖主而受到刘邦的猜忌,刘邦找了一个谋反的罪名把他处死了。

汉初谋士张良

《史记·淮阴侯列传》有大篇的文字记载了韩信一生的事迹。韩信是中国军事思想"谋战"的典型代表,刘邦曾经说:"战必胜,攻必取,吾不如韩信。"同一时期的萧何也称赞韩信"国士无双"。

我们很多人喜欢下象棋,关于象棋的来历大家的说法都不一样,不过传说中最多的说法是:象棋始创于西汉统帅百万大军的韩信。

韩信帮助刘邦建立西汉后,因为战功显赫被吕后诱捕入狱。韩信自己也知道命不久矣,于是决定在狱中写一本兵书,把自己一生的心得留给后世的人,谁知道这件事情又被吕后知道了,就下了一道命令说他是犯人,不能擅写兵书。韩信非常生气,仰天长叹道:"这个婆娘太狠毒了!不但要本王的命,连本王的名也要除掉啊!"当时有个狱卒刚好听到了这句话,就跪在韩信的面前,说:"王爷!你就把用兵之法传给小人吧!"韩信无奈之下只得苦笑,"本王若不知用兵之道,也不会落到今天这个下场。如今悔之晚矣,怎么能再连累你遭受杀身之祸呢?"狱卒再三恳求,韩信就是不答应。

汉高祖刘邦

一天，狱卒给韩信送饭时，眼里的泪花直打转转，韩信看出他有些不对劲，于是就问道："大哥，那个婆娘是不是要对我下毒手了？"狱卒忍不住哭出声来。韩信大笑道："打完兔子杀猎犬，射尽飞鸟折良弓嘛！从来都是如此，没什么好担心的。"说完，韩信叫狱卒坐在他的对面，拿来一根筷子，在地上画了个方框，又在框中画了一条"界河"，河中写了"楚河""汉界"四个字。接着又在河界两边各画了36个小格，并说："本王今年刚好36岁，一生助汉灭楚，屡立大功，到头来被一个女人所害。你平时对我照顾很多，韩信这辈子是没机会再报答你了，就把生平所会的兵术都教给你吧。"他说着叫狱卒取来帛笔，把帛剪成32个小块，布在方框内界河两方。一面的16块纸片各写着帅、相、车、仕、马、炮、兵等字，另一面的16块纸片上写着将、车、马、士、象、炮、卒等字。这便是象棋发明的一个来由了。

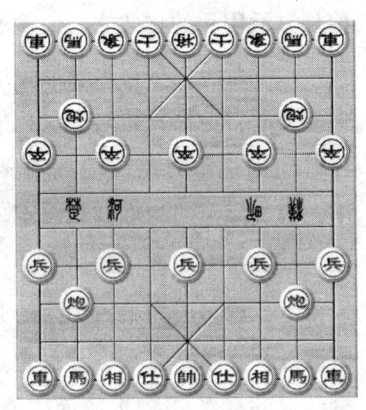

中国象棋

⊙ **史实链接**

韩信小时候家里非常穷，还曾受过胯下之辱。秦朝末年时，群雄并起天下大乱，韩信也义无反顾从军了。刚开始时他是跟着项羽，仅任执戟郎中，言不听计不从。等项羽定鼎咸阳，分封天下，韩信在军中的影响力日益增大，但这时的他毅然决定离开项羽投奔刘邦。不过刘邦一直都没有把他当将才使用，只让他做连敖。在他当连敖的期间，因为一个错误，要被处死，在临刑前韩信仰天长叹："难道汉王不想得天下了吗？为什么要杀壮士呢？"当时的监斩官听韩信说出这样的话来，感觉这人不同一般，于是把他放了。跟他交流一番，更是觉得韩信是不可多得的奇才，就把他推荐给刘邦，刘邦让韩信当了治粟都尉，不过，此时的韩信还是没有得到刘邦的重用。

萧何非常欣赏韩信,喜欢他的才华。在刘邦往南郑进发的时候,很多将领觉得没有希望,都在半路逃走了。韩信猜想萧何已经数次向刘邦举荐自己,但是刘邦始终没有要重用自己的意思,于是决定离开刘邦。

丞相萧何听说韩信也和别的将领一样逃跑,没来得及跟刘邦说一声,就自己骑着马去追韩信了,后来终于把韩信追回来,便有了"萧何月下追韩信"的千古美谈。

⊙古今评说

作为古代的伟大军事家,韩信是白起、孙武之后最为卓越的将领之一,他在作战中最大的特点是灵活性强,是我国历史上最擅长灵活用兵的将才之一。他所指挥的潍水之战、井陉之战都可以称得上是战争史上的杰作。作为军事战略家,他在拜将时楚汉相争的策略,是刘邦最终胜出的根本方略。他战功显赫,曾一度一人之下,万人之上,帮助刘邦率军出陈仓、定三秦,京索之战败楚军。韩信熟谙兵法,作为战术家也为后人留下了许多成为千古美谈的典故,如明修栈道、暗渡陈仓、木罂渡军、背水为营、临晋设疑、夏阳偷渡、拔帜易帜、半渡而击、四面楚歌、传檄而定、沈沙决水、十面埋伏等典故。总之,后人对韩信的评价是非常高的。

中国杰出军事家韩信

西汉名将——卫青

⊙拾遗钩沉

卫青是霍去病的舅舅，两人都是汉武帝时带兵抵御匈奴的名将，一起被后人称之为"帝国双璧"。卫青扭转了汉朝和匈奴之间的战争局势，在卫青之前，汉朝和匈奴之间都是采取妥协的和亲政策，卫青开启了汉朝对匈奴反败为胜的新篇章，七战七捷，大破匈奴。

卫青的母亲原是平阳公主家的女仆，因为她的丈夫姓卫，她就被被后人称为卫媪。卫媪与前夫生过四个孩子，长子卫长君、长女卫君孺（《汉书》作卫君孺，《史记》作卫孺）、次女卫少儿、三女卫子夫。丈夫死后，她依旧在平阳公主家当女仆，和同在平阳侯家中做事的县吏私通生下了卫青。卫家的生活条件并不好，于是卫青被送到了亲生父亲的家里，不过他的生父并没有重视他，生父的其他几个儿子也不把他当兄弟看，卫青小时候的生活过的并不好。《史记·卫将军骠骑列传》中就曾经写道，"青为侯家人，少时归其父，其父使牧羊。先母之子皆奴畜之，不以为兄弟数。"

等卫青长大一点后，不愿在生父家中受奴役，回到母亲身边，成为了平阳公主的骑奴。有一次卫青跟

西汉军事家霍去病

西汉大将军卫青

人到甘泉宫，一位囚徒惊叹他的相貌说："这是贵人的面相啊，官至封侯。"卫青笑道："我身为人奴之子，只求免遭笞骂，已是万幸，哪里谈得上立功封侯呢？"

⊙ 史实链接

卫青出身贫寒，他原是奴隶的孩子，后来担任侍中、建章监、太中大夫，在宫廷中历经了十多年为官的历练。元光二年，汉武帝靠"文景之治"积累的国力，决定改变初期和匈奴和亲的政策，对匈奴发动了大规模的反击。公元前129年卫青被汉王封为车骑将军，首次出征奇袭龙城，开始了十年的兵马生涯，最后成为了大司马将军，是我国历史上首位出身低，功劳大的将领人才。

卫青去世后，汉武帝为了表彰卫青一生的赫赫战功，命人在自己的茂陵东侧1000米的地方，为卫青修建了阴山（匈奴境内的一座山）状的墓冢，这也是对卫青一生战功的最好嘉奖。他妻子平阳公主死后。和卫青合葬在一起，据后来考古学家的观测研究，平阳公主墓冢大约在卫青墓东1 300米左右。

⊙ 古今评说

和文人的毁誉参半相比，后代的军事家们更欣赏卫青的才能，古代就曾经有"孙吴白韩，颇牧卫霍"（韩信、廉颇、孙武、李牧、吴起、白起、卫青、霍去病）的说法。

毛泽东也曾说过：作战时胜利的关键在于我们要不拘泥于形式，像汉朝时的名将卫青、霍去病，他们就勇于革新战法，远渡绝漠，抓住敌人的软肋，出其不意，攻其不备，所以才能百战百胜。

汉武帝刘彻

抗倭将领——戚继光

⊙拾遗钩沉

戚继光（1528~1588年），汉族人，字元敬，晚号孟诸，号南塘，山东登州人，祖籍安徽。他是历史上著名的抗倭将领，明朝伟大的军事家。他的父亲戚景通任漕运官员（今山东省微山县鲁桥镇），戚继光就出生在这里。他曾带领他的部下在闽、浙、粤东南沿海一些地方和倭寇对抗，大小80余战，历时10余年，终于彻底扫平了倭寇的隐患，被誉为中国近现代的民族英雄，卒谥武毅。他曾写过多部军事著作流传至今。戚继光的纪念馆在福建省，现为福建省爱国教育基地。

戚继光出生于明朝中叶嘉靖年间，正是火器发达的年代，那个时候东南一带的倭患非常严重，北部又经常有蒙古人的侵扰。明朝刚刚建立的时候，日本正处于南北朝时代（1336~1392年），内战不断，还经常侵扰中国东南沿海一带。等到北朝一统日本后，失败的南朝武士流落海上，侵扰中国就变本加厉了。到嘉靖年间（1522~1566年），由于明政府终止了和日本的贸易往来，倭患的问题就变得更加严重了。蒙古族是当时中国北部的少数民族，元朝、明朝以来，居住在南部的蒙古族已逐渐开始和汉人生活融洽，不过居于漠北的蒙古族仍然过着游牧生活。元朝灭亡后，他们多次南下掳掠，对明朝构成巨大的威胁。

戚继光纪念馆

而当时朝廷对此也比较重视，认为蒙古骑兵比东南倭寇的威胁更大。

⊙史实链接

戚继光发明了"鸳鸯阵"，能够在战争中充分发挥长短兵器结合和集体间相互帮助的力量，灵活机动地打击敌人。戚继光建立车、骑、步相配的联合兵种，与敌人进行大规模的战斗；集中兵力的优势进攻敌人防御重点，迅速瓦解歼灭敌人；出其不意，伏兵奇袭，攻其不备。

戚家军的鸳鸯阵形是11个人为一队，队长在最前面，排在其后的两个人，一个执藤牌，一个执长牌。长牌手执长盾牌，可以抗击倭寇的箭矢和长枪；藤牌手拿更轻一些的藤盾，并带有腰刀和标枪。藤牌手和长牌手的任务是给后队做掩护，藤牌手的任务除了掩护后队，还可以跟敌近战。

戚继光鸳鸯阵模型

除了带兵抗击倭寇，戚继光也曾撰写《练兵实纪》一书，它是戚继光在镇守蓟州时撰写的一部兵书。练兵方面，戚继光主张明恩威、严节制、正名分；训练兵方面，要训练兵队的胆气、手足、耳目、营阵和队形等。此外也包括野营布置、行军规则、宿营规则，及注意事项和作战的纪律等。

千军易得，一将难求，在练将方面，戚继光认为将领应该德才兼备。在《练兵实纪》一书中，戚继光还详细介绍了步营、马营、辎重营的组织结构，以及各类兵种的挑选和操练方法。

⊙古今评说

出身将门世家的戚继光，从小受到父亲的教育和影响，耳濡目染无形中学习到许多行军打仗的知识。等到成年后带兵打仗，又能灵活运用书本上学到的知识，能够因地因时制宜，寻找对抗敌人的良策。他注重实际，而不局限书生式的高谈阔论，注重实际有效的军事学问，所著《纪效新书》和《练兵实

明朝民族英雄俞大猷

纪》,便是其实际经验的总结。他还很善于向同时代人学习,如向俞大猷学习棍法,向唐顺之学习枪法,并以此训练士兵。这种注重实效、虚心学习的态度,使戚继光具有卓越的军事才能,成为一代名将,他所带领的戚家军在战场上也所向披靡,成为抗倭的一支劲旅。

三、古代杰出的军事家

四、近现代火器的应用

单兵肩射武器——步枪

⊙拾遗钩沉

步枪是指有膛线（又称来复线）的长枪，是一种单兵肩射的长管枪械，在战争中的主要作用是发射枪弹，对已经暴露的生命目标产生杀伤。步枪的有效射程为400米左右；也可以用步枪上配备的刺刀、枪托来和敌人进行格斗；有的还能够发射枪榴弹，具有反装甲和点面杀伤的能力。

步枪

步枪分为自动化、非自动化和半自动化三种，现在常见的步枪，按用途可以分为骑枪（卡宾枪）、普通步枪和狙击枪等。狙击枪是一种特别研制的高精准步枪，分手动和半自动两种，狙击枪上通常配备有光学瞄准镜，部分带有两脚架，装备狙击手，对于600～800米内的特定目标具有极大的杀伤力。

⊙史实链接

15世纪时，欧洲出现了最早的步枪——火绳枪，16世纪时，由于对点火装置做了进一步的改造，燧发枪又取代了火绳枪。从16世纪初到18世纪末的近300年间，因为当时技术条件有限，所有的步枪都是前装枪，使用时浪费时间，而且非常麻烦。

1825年，法国一位叫作德尔文的军官对早期步枪的螺旋形线膛枪进行了一系列的改造，设计了一种枪尾部带火药的步枪，并对之前长期使用的球形弹丸进行了改造，发明了长圆形弹丸。德尔文的发明对后来步枪和枪弹的发展都有深远的影响，所以德尔文被后人称为"现代步枪之父"。不过，德尔文所改造的步枪只是从枪口中装弹的前装式枪。

到19世纪中叶以后，德国研制了一种叫作"德莱赛"的击针后装枪，这是最早的机柄式步枪，这种枪的弹药从枪管的后面装入，所以比以前的枪射击速度快四五倍。不过步枪的口径仍然很大，在18毫米左右。到19世纪60年代，多数军队使用的步枪已经减小到11毫米。19世纪80年代，由于步枪上开始使用无烟火药，还有其他技术的发展，步枪的口径又进一步缩小了，弹头的初速和连击速度也有提高。可以说，步枪的射程和射击精准度都有了明显的提高。

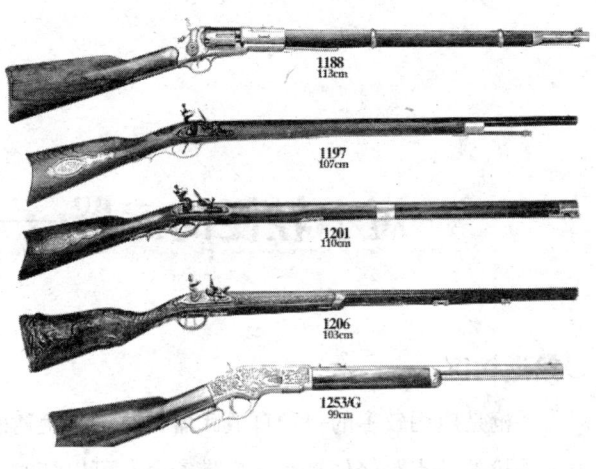

线膛枪

⊙ 古今评说

据中国史料记载，中国南宋时期就已经出现一种类似步枪的火枪武器——竹管突火枪，这是世界上最早的管型射击武器。后来又有人发明了一种金属管形的射击武器——火铳。到明朝以后，中国的军事武器发展又有了进一步的发展。步枪的发展经过了几代人的努力，从早期的火绳枪、燧发枪，到后来的前装枪、后装枪、线膛枪等多个阶段，后来又从非自动改为全自动。

短小轻便的武器——手枪

⊙拾遗钩沉

手枪是应用较多的一种自卫武器，对于近距离的有生目标具有较强的杀伤力。手枪的特点是轻便短小，携带安全，可以随时开火，一直被世界各国的警察、军队所使用，尤其受特种兵、指挥员和一些执法人员等人的青睐，它是配备最多的武器。随着枪械技术的进一步发展，手枪种类也越来越繁多，现代手枪家族的威力和性能都已经有大幅度的提高。有理由相信，在未来，手枪的地位和作用将会得到更进一步的提高。

手枪是单人使用的一种武器，可以用手拿着随时发射，多用于近战和自卫。通常情况下，手枪的有效射程约50米左右。手枪使用时需要用专用的手枪弹药。现手枪的种类主要分为自动手枪、左轮手枪、冲锋手枪、机枪、来福枪和特种手枪等多种。从口径上看，国外装备的手枪，多是9毫米的口径，少部分是7.62毫米、7.65毫米、11.43毫米。以后手枪的发展要求，主要是便携和易操作，重量轻，射程在50米内对有生目标具有杀伤性。

左轮手枪

⊙史实链接

最早的手枪是在14世纪时成型的，几乎在中国和普鲁士王国同一时间诞生。那时的中国出现了一种小型的火器（铜质的）——手铳。手铳的口径多数情况下在 25 毫米左右,长度是 30 厘米。使用的时候,先从铳口填入火药、引线,再塞填一些细铁丸。射击的时候,执枪者一手执枪,一手点燃引线,从铳口射出铁丸和火焰杀伤敌人。这应该是最早的手枪了。1331年,普鲁士王国的黑色枪骑兵用了一种更加短小的点火枪,他们把点火枪挂在脖子上,一只手拿握枪放在胸前,另外一只手点燃火药射击,这是欧洲手枪的早期雏形。

19世纪末和20世纪初,手枪的种类变得更加的多样化。手枪是枪的大家族中个头最小的一个,尽管手枪在战争中和其他武器相比,杀伤力并不是很好,但它却是军队最不可缺少的单人自卫武器。

手枪出现的时代,有很多种的说法。一种说法是手枪出现在 1540 年,是意大利人发明的;另外一种说法是1419年,胡斯信徒在反对西吉斯蒙德的战争中使用了一种哨声短枪,而那才是最早的手枪。

⊙古今评说

最早作为火器的手枪,距今已经有近 1 000 年的历史,在很长的一段时间内,枪曾在人类战争中发挥过不可小觑的作用,尤其是在第一次世界大战爆发前,枪是战争中人们主要攻击和自卫武器之一。从火器的发展历史来看,手枪的发展主要经历了这几个阶段:火门手枪—火绳手枪—转轮发火手枪—燧发手枪—击发手枪—转轮手枪(又称左轮手枪)—自动手枪。我们经常提到的手枪,其实只包括左轮手枪、击发手枪和自动手枪三种。

左轮手枪曾发挥过举足轻重的作用,特别是在第一次世界大战爆发前,左轮手枪是最主要的攻击武器之一。到了19世纪末和20世纪初,各式各样的手枪便出现了。

自动手枪

机关手枪——冲锋枪

⊙拾遗钩沉

"冲锋枪"在不同的国家,不同地区,有不同的称呼,我国内地将"submachine gun"叫作冲锋枪,而香港和澳门等地区,则习惯把它叫作"手提式轻机枪"和"轻机枪"这类的称号。中国《兵器工业科学技术辞典——轻武器》里对冲锋枪的解释,则为"单兵双手握持发射手枪弹的轻型全自动枪"。尤其要注意"轻型全自动"和"发射手枪弹"这两个关键词,对冲锋枪的区分方法,国内习惯以这两个词作为分类标准。

冲锋枪多数情况下指的是双手持握、发射手枪子弹的一种单兵连发的枪械,曾经一度被叫作"手提机关枪"。它是机枪和手枪之间的一种武器,比步枪要小和轻便一些,可以随时开火射击,射击速度高,火力大,适合近身战或冲锋,所以才被人形象地称为"冲锋枪"。

不同国家的人,对冲锋枪有不同的叫法,德国人习惯称之为机关手枪,所以德军的冲锋枪都冠以"MP"的编号,如在第二次世界大战中著名的MP-38/40型冲锋枪。

冲锋枪

⊙史实链接

1918年,来自德国的设计师施曼塞尔设计的伯格曼MP18型冲锋枪问世了,这种枪发射的是MP18型冲锋枪9毫米手枪弹,虽然射程不远,射击的精准度也不够,不过它适合单兵使用,火力比较猛烈,所以对于当时德国的军队而言,是一种非常不错的武器装备。不过当时第一次世界大战已经接近尾声,这种武器没能来得及发挥它的威力。

在20世纪中叶的西班牙内战期间，交战双方大量使用了经过改进的德国MP18型等多种类型的冲锋枪，前苏联、德国、英国等国家都从中看出了未来战争中冲锋枪的地位和作用，于是纷纷投入力量大规模研制和生产冲锋枪。

冲锋枪是第一次世界大战期间开始研制的，当时主要是口径9毫米左右的冲锋枪。第二次世界大战期间，不同口径和不同型号的冲锋枪开始问世。战后，随着自动步枪的发展，冲锋枪和自动步枪的差别也越来越小，如前苏联的AK47自动步枪和德国的STG44突击步枪，也经常被称作是冲锋枪。

⊙古今评说

冲锋枪是一种可以连续发射的机关枪械，它远比步枪显得轻便短小，射击速度快，火力也非常猛烈，适于在近身战和冲锋对战时使用，尤其是200米内对战时，冲锋枪是一种非常不错的选择。冲锋枪适合的兵种也非常多，不管是侦察兵、炮兵、步兵、伞兵、摩托步兵，以及空军、海军等，都可以装备冲锋枪。它是突击和反突击的重要武器，在两次世界大战中，冲锋枪都发挥了重要作用。其基本特点是灵活轻便，体积小，携弹量大，重量轻，火力猛烈。不过，也并不是说冲锋枪完全没有缺点，由于冲锋枪的反弹力小，它的有效射程也比较近，射击时精准度并不高，加上其他突击枪的相继问世，冲锋枪在第二次世界大战后，战术地位逐步下降。从轻武器的发展趋势看，除了少数轻型、微型、微声冲锋枪仍在战争中活跃之外，常规冲锋枪将渐渐被小口径的一些步枪所取代。

高精准度步枪——狙击枪

⊙拾遗钩沉

狙击枪是现代军事战争中应用非常普遍的一种步枪。通常指的是一种专门设计制造，射击范围广，射击距离远，可靠性高的步枪。在军事上，狙击枪主要用来执行一些特殊任务，如射击敌方的重要目标（车辆驾驶员、指挥人员、机枪手等）。狙击步枪的结构和我们平时看到的普通步枪有点类似，不同之处在于狙击步枪多装有精确瞄准用的瞄准镜。狙击枪的枪管也是特制的，经过特别的加工后射击的精度远比一般的步枪高，狙击枪射击时，通常是用半自动的方式连续射击。

狙击手——优秀的射手埋伏于相对射击目标而言非常隐蔽的地方，突然、准确地射杀目标。在战争中，狙击手执行的任务主要是射击敌方的观察员、通信人员和指挥员等。狙击手需要经过一系列特殊的训练，要准确掌握射击时的精准度，会伪装，会观察敌方。俄罗斯"德拉贡诺夫SVD"狙击步枪通常可以一次射击就命中目标，坚固耐用非常好，射击速度也很快。

狙击手名字是如何得来的呢？据说当印度还是英属殖民地时，英国的贵族和官员喜欢在印度乡间或者荒野打猎，在打猎的过程中他们发现，狩猎鹬鸟非常困难，要想成功射击到这些猎物，射手就得学会伪装自己，还有对射术要求也非常高。所以说狙击手这个名字最早来源于"猎鹬者"，高精密度的步枪也被人叫作"狙击枪"。

62毫米狙击步枪

⊙ **史实链接**

在美国南北战争期间,南方一些邦联士兵因为使用了配备三倍瞄准镜的英国魏渥斯步枪,在当时创下了超过800码(1米=1.0936码)距离的狙杀记录。早期的狙击枪只搭配了"瞄准筒",射手仅以瞄准筒锁定目标。

从1939年的冬季战争和1899年的布尔战争之后,狙击枪开始成为部队编装之装备的只有苏联和英国两个国家。由于前苏联部队受创于芬兰士兵的射击技术,英国士兵受创于神射手居多的布尔人,所以这两个国家开始正式大批量训练狙击手这类执行特殊任务的射手,并对世界格局产生了深远的影响。其他国家也开始模仿英国和苏联的这一举措。

德国著名的狙击手海岑诺尔,在第2次世界大战中有非常优秀的表现,他曾经执行了345次猎杀,无一失败。他表示,看一个狙击手有没有成功,不在于他射杀了多少人,而在于他对敌人产生了怎样的影响。如果在两方交战时,狙击手击毙敌军军官,就往往能够挫败敌人的进攻。二战中,前苏军充分认识到狙击手在战争中的重要作用,对这种战术进行了极大的推广。在斯大林格勒战役中,前苏军狙击手对德军部队产生了极大的威慑力。据统计,第二次世界大战期间,平均每杀死一名敌方的士兵需2.5万发子弹。越南战争的时候,平均射杀一名士兵需大约20万发子弹,而苏芬战争时期的一名狙击手,却平均只要1.3发子弹就可以射杀一名敌方士兵。

⊙ **古今评说**

狙击手的主要任务,其实不是射杀敌方人员,而更多是在两方交战时,打乱对方的阵脚。他们往往可以执行普通步兵无法执行的任务,达到一定的战术目的。如,狙击手可以对敌方车辆的油箱、通信设备、坦克成员和潜望镜等进行射击,毁伤敌军的关键设备,让其丧失战斗力,以便延迟敌军的作战行动。此外,类似于油料库、弹药库、指挥部等薄弱环节,也是狙击手们在战争中执行任务的首要目标之一。

随着时代发展,枪械技术的不断变化,狙击枪越来越要求受过专门训练的狙击手来使用,这样才能满足战术上的需求。

便携式反坦克武器——火箭筒

⊙拾遗钩沉

火箭筒，是一种用来发射火箭弹的便携式反坦克武器，主要作用是发射火箭破甲弹，有时也可以用来发射火箭榴弹或者其他的火箭，在近距离作战中应用较多，用于打击坦克、装甲人员运输车、步兵战车、装甲车辆、军事器材，杀伤有生目标和摧毁敌方的工事。因为火箭筒的质量小，结构不复杂，使用方便、价格低廉，在多次战争中都发挥了重要的作用。

反坦克火箭筒早在第二次世界大战中就已经有所应用，那个时候火箭筒分为两种类型：一种是1943年德国制造的，装备了"铁拳"无后坐力炮型火箭筒，这种火箭筒发射150毫米超口径破甲弹，靠发射装药在两端开启的钢质发射筒内燃烧形成的火药燃气压力，推动弹体运动，并利用火药燃气从筒后喷出消除筒的后坐。另外一种火箭筒外型很像"巴祖卡"的喇叭状乐器，美国人即称它为"巴祖卡"。这个俗称后来在欧美成了对火箭筒的习惯称呼。"巴祖卡"采用两端开启的钢质发射筒，靠弹内火箭发动机产生的推力推动火箭弹运动，发动机排出的火药燃气从筒后喷出，使武器无后坐力。这两种火箭筒，都配置有光学或者机械的瞄准器，有效射程为200米左右，垂直破甲厚度约为150毫米，武器系统重8千克左右。

火箭筒

⊙史实链接

中国的明朝万历年间，曾经有一个名叫赵士桢的人，设计制造了一种名为"火箭溜"的火箭发射装置，可以给火箭设定一定的射角和方向，是现代升空火箭的最早雏形。

第二次世界大战末期，美国还装备了具备大威力的M20型火箭筒，这种火箭筒采用铝合金发射筒，有效射程110米，垂直破甲厚度达280毫米。二战结束后，尤其是20世纪60年代后，随着装甲技术的进步，促进了发射推进技术、破甲技术、新材料和高燃速推进剂的发展，很多国家开始研制装备多种新型装备的火箭筒。譬如说美国的M72、前苏联的ПГ-18和中国的70式火箭筒，其武器系统都在7千克以下。对活动目标的有效射程达150米，垂直破甲厚度280～310毫米。瑞典、前苏联、德国等国家，还在无后坐力炮型火箭筒的基础上，利用火箭增程技术研制出了"卡尔·古斯塔夫"M2-550、ПГ-7、PZF44"长矛"等型号的火箭筒。

自20世纪80年代以来，世界各国的装甲防护技术有了进一步突破，很多国家都开始重视反坦克火箭筒的研制，采取的途径主要有开发串联空心装药战斗部；优化破甲战斗部结构，开发高爆穿甲弹等。

⊙古今评说

20世纪中叶以后，火箭筒的应用逐渐增多，20世纪70年代的德国，根据火箭筒平衡抛射的原理，采用密闭型的发射技术，从火箭筒的后方抛出塑料薄片作平衡物质，用来抵消武器后坐力，研制了一种叫作"弓弩"型的火箭筒。这种火箭筒是一次性使用型的。火箭筒发展到这个时候，已经具备无光、无烟、无后喷火，可在狭窄空间内发射的特点。

弓弩

从第一次世界大战当中，坦克开始出现在战场上。第二次世界大战中，纳粹德国开始大量使用这种装甲设备，给英、美、前苏联等反法西斯盟国的军队造成了重大打击，此后，世界各国都开始了便携式步兵反坦克武器的研制。

小型手投弹药——手榴弹

⊙拾遗钩沉

手榴弹是一种小型手投弹药武器,能用于攻击,也能用于防御,也是一种使用广泛、用量大的武器。它能破坏装甲车辆和坦克,也能杀伤有生目标。手榴弹由于质量小、体积小,使用、携带方便,曾在历次战争中都发挥了重大的作用。

美国古怪装甲车

随着科技的发展和作战思想的改变,后来的手榴弹的作用虽然没有在两次世界大战中那样重要,不过,它还是步兵近距离作战的主要装备之一。在现代战争中,作为一种可攻可防的武器,手榴弹还是具有重要的使用价值。

手榴弹最早起源于中国宋朝的火器"火球",到15世纪时,欧洲才出现可以装填火药的手榴弹,当时的手榴弹并非用在战争中,而是用于要塞防御和监狱的安保。17世纪中期,欧洲某些国家才在自己的精锐部队中配备野战用的手榴弹,并在部队中有了掷弹兵这种兵种(指受过专门训练的士兵)。到19世纪,随着城堡攻防战的减少和枪炮技术的发展,手榴弹一度受到冷遇。

⊙史实链接

在1904年的日俄战争中,手榴弹又开始受到重视,第一次世界大战期间,因为堑战壕的兴起,手榴弹的应用也变得越来越广泛,当时表现突出的手榴弹有英国的菠萝形"米尔斯式"手榴弹和德国的木柄手榴弹。这些手榴弹为后来手榴弹的发展奠定了基础。

第二次世界大战期间,手榴弹不仅被广泛应用,也得到了迅速的发展,出现了反坦克手榴弹和空心装药。那时手榴弹的发展,主要表现在这几个方面:第一,新材料开始在手榴弹上应用;第二,各种特种手榴弹相继出现,如燃烧、催泪、发烟、震晕手榴弹等;第三,将空心装药结构用于手榴弹战斗部,成为反坦克手榴弹;第四,改进发火方式,出现了方向碰炸机构,并开始应用在手榴弹引信上。

美国的M26式手榴弹

20世纪中期,电子引信、钢丝缠绕的半预制、钢珠全预制高速小破片、塑料及其他非金属材料等在手榴弹上的应用,使手榴弹的发展进入一个新阶段。美国的M26式手榴弹、英国的L2A1式手榴弹、比利时的PRB423式手榴弹等,都是这一时期出现的典型产品。

⊙ 古今评说

手榴弹用途广泛,种类也繁多,且每一种手榴弹都有不同的性能特点,在战争中士兵可以用多种方式来完成指定任务。通常来讲,手榴弹有以下四种类型:照明手榴弹、杀伤手榴弹、化学手榴弹(包括反暴乱、燃烧、眩晕、发烟等种类)和教练手榴弹。

因为战术思想的不同,世界各国对手榴弹的战术使用要求也不一样,所以手榴弹的种类变化很多。今后,随着战场多种多样目标的出现和战争形势的变化,许多新型的弹种还将出现。

由于手榴弹新品种的增加,给手榴弹生产、管理带来了许多不便。多种类型的手榴弹应运而生,如防御/进攻手榴弹、手投/枪发两用手榴弹、破甲/杀伤手榴弹和杀伤/燃烧手榴弹等。

可以预料到,手榴弹虽然是古老而传统的火器,但在新型技术不断发展的现代社会,手榴弹还是会得到不断改进和提高。

化学武器——催泪弹

⊙拾遗钩沉

催泪弹,是一种能够刺激人泪腺的化学武器,发射后可以发放出催泪气体,能够刺激人的泪腺而让人流泪,发射时可以有手榴弹形式发射和喷射两种。催泪弹被世界各个国家的警察广泛使用,用于驱散发生暴乱场合的示威者,也可以被当作武器来使用。第二次世界大战中就曾使用到这种能够散发刺激性气体的武器。

催泪弹中装有铝、镁、硝酸钡、硝酸钠等多种物质。引爆后,镁遇到空气会迅速燃烧,放出含紫外线的耀眼白光,同时放出热量使硝酸盐分解,产生的氧气又进一步促进铝、镁的燃烧。催泪弹中装有易挥发的液溴,可以刺激到人身体的敏感部位——鼻子、眼睛等,使人流泪。有时候还装有毒剂西埃斯,它会引得人大量流泪,喷嚏不止,剧烈咳嗽,令人难以忍受,甚至会导致人窒息死亡。

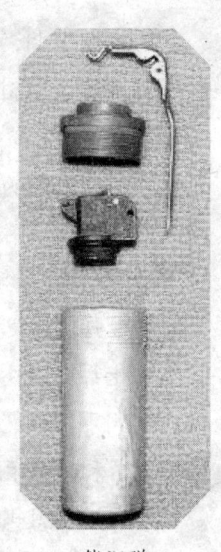

催泪弹

⊙史实链接

自然界也有天然的"催泪弹",据说,当新大陆被哥伦布发现后,欧洲的殖民者就蜂拥至南美洲,奴役、杀害土著居民印第安人。一次,侵略者追杀到丛林后,印第安人突然都不见了,当侵略者进退两难时,忽然枞树丛里飞出一个个瓜形"炮弹"。随着一连串的"嘭、嘭"声,"炮弹"炸开后只见到处浓烟滚滚,侵略者被呛得抱脑袋、捂眼睛,样子实在狼狈。当侵略者要逃窜时,印第安人从隐蔽处冲出来进行反击,把敌人杀得一个不留。

不过这种瓜形的"催泪弹"并不是人工制造的，而是印第安人从南美洲热带森林找来的一种天然植物，是一种名字叫"马勃"的真菌。它看上去像大南瓜，有足球那么大，重量达5千克。"马勃"在没有完全成熟时，内部全是白色黏性的肉，可以当菜吃。等到瓜成熟后，包皮破裂，一旦干燥了，用手指轻轻一刮，就会有一股黑烟冒出来，呛得人喷嚏不停，涕泪直流，弄得人狼狈不堪。

"马勃"放出的黑烟是什么物质呢？原来是一种马勃菌繁殖用的孢子，当孢子囊受到碰撞后，里面的孢子会四处喷散，其作用类似于催泪弹，而马勃菌也就此得到了繁殖。

航海家哥伦布

这是马勃菌保护子孙和繁衍的防御措施。在中国的江苏、河北、内蒙古等地，也可以看到"马勃"的影子，如果不小心被扎破了皮肤，血流不止，只要用"马勃"敷在伤口上，就可以止血。"马勃"作为中药的一种，还可以用来治疗喉炎、扁桃腺炎、鼻出血等。近来，科学家还发现，"马勃"有抗癌的作用。不过人们也要为摘"马勃"而付出一定的代价，譬如因它"自卫"而流泪不止。

⊙古今评说

常用的催泪气体包括苯氯一酮、邻氯苯亚甲基丙二腈及刺激人呼吸系统的辣椒素、胡椒喷雾等，催泪弹气体在低浓度时，会让人的眼睛因为受到刺激而流泪不止，甚至眼睛都张不开，有时还会引起呕吐等反应。不过多数情况下不会危及生命。催泪弹通常按装填药剂的名称来命名，比如说填充苯氯一酮毒剂的叫苯氯一酮催泪弹……名字虽然不一样，但它们起到催泪的作用却是一样的，只不过程度的强弱有所不同而已。

如果有聚众闹事的情况出现，催泪弹是警察们最好的应用武器，聚众闹事的人群接触到催泪弹后会立即出现眼睛畏光、灼痛、流泪不止等症状，只要离开有毒区域，中毒症状一般会在20分钟内自行消失。过后用清水冲洗鼻腔、眼睛，或者用清水漱口就好。不过，长时间受到催泪弹作用，可能会导致结膜炎等疾病症状的出现。

特殊单人用武器——防暴枪

⊙拾遗钩沉

防暴枪是单人用武器的一种，主要作用是用来杀伤近距离内的有生目标，驱散骚乱人群或者制服暴徒。警察用的防暴枪，由于能发射催泪弹、霰弹、致昏弹等低级杀伤性弹药，一直以来都是世界各国治安人员、警察和执法部门使用的主要防暴武器。军用霰弹枪，也叫作战斗霰弹枪，由于近距离火力猛、杀伤力强、命中率高、使用起来方便，可以用于近身战，尤其是建筑物内的战斗和城市巷战，也可以用在要求密集、反伏击战和饱和射击的伏击战中，它在战争中的使用价值在不断提升中。

我国97式防暴枪

第一次世界大战中，各国广泛使用了霰弹枪，这种火器尤其适合近距离遭遇战、堑壕战等。霰弹枪曾在第二次世界大战中发挥了重要作用。美国驻太平洋诸岛的海军陆战队在攻击武器不足的情况下，使用民用霰弹枪击败了敌军的密集进攻和夜间袭击。

二战结束后，由于战争情况和形式的发展，各个国家的军队已很少使用霰弹枪，这种枪械的作用更多在于防止暴乱和维持国内治安。

⊙史实链接

20世纪50年代初，马来西亚警察部队在军事领域中引用了霰弹枪，它成了丛林巡逻队反伏击战的一种武器。在后来的越南战争中，人们也发现霰弹枪是一种快速反应武器，适合在反伏击战中使用，所以霰弹枪又重新得到了军队的重用。

20世纪70年代以后，我国97式防暴枪、军用霰弹枪有了较大的发展，军队中出现了更为成熟的中程弹药。尤其重要的是，中、低强度冲突是现代战争的主要形式，反恐怖战斗和防爆也列入了军队的任务执行范畴。因此专门设计的防暴枪和霰弹枪等，开始作为主要特种武器和防爆武器而装备不少国家的特种部队和警察，还装备边防军和海军陆战队等。

⊙古今评说

今后的战争将更加多样化和复杂化，为了满足未来适应作战环境和消灭敌人的需求，未来防暴枪的发展应该以发展多种用途战斗霰弹枪，提高射击精度和威力为研发重点。今后弹药和防暴枪的发展要求多样化，既可发射远程侵彻弹、动能弹和手榴弹，又可以发射低杀伤防暴弹，还可发射信号弹和照明弹等。

未来防暴枪技术研究的途径主要为：一是开发多种弹药系列，如美国研制推出的钨合金集束杀伤箭形弹穿甲弹、高能爆炸弹、催泪弹等；二是通过拆卸枪托、更换枪管等发射不同口径的弹药。尤其是美国的步/霰合一的新型武器，是防暴枪发展的新动向。

炮竹的来由

⊙ 拾遗钩沉

用鞭炮声来贺新春，是我国自古以来就有的习俗，并已经沿用了近2 000年的历史。最早的爆竹指的是燃竹而爆，因竹子焚烧发出"噼噼叭叭"的响声，所以那时的炮竹叫作爆竹。春节放鞭炮，是我国人民的传统，这种活动历史悠久，可以给新春佳节更增添一份节日的热闹。

古时，在喜庆日或者一些传统节日里，会用火烧竹，毕剥发声，以爆竹来辞旧迎新。此外，古人也相信爆竹的声音可以驱除瘟神和山鬼。等到火药发明以后，用多层纸密卷火药，再加上引线，让爆竹发声，也称其为"爆仗"。南朝梁宗懔《荆楚岁时记》："正月一日……鸡鸣而起，先於庭前爆竹、燃草，以辟恶鬼。"清朝沈复《浮生六记·浪游记快》："游览既毕，宴於水阁，命从者放爆竹。轰然一响，万山齐应，如闻霹雳声。"唐刘禹锡《畲田行》："照潭出老蛟，爆竹惊山鬼。"《伪自由书·电的利弊》："中国用火药做爆竹敬神，而外国人用火药制造子弹。"

《荆楚岁时记》插图

⊙ 史实链接

炮竹的演变过程：火药出现以后，人们将木炭、硝石、硫磺等填充到竹筒里面，发现可以燃烧爆竹，这就产生了"爆仗"。宋朝以后，民间开始普遍用麻茎和纸筒来包裹火药制造成"编炮"（鞭炮）。《通俗编排优》记载道："古时爆竹，皆以真竹着火爆之，故唐人诗亦称爆竿。后人卷纸为之，称曰'爆竹'。"

王安石的《元日》诗：
爆竹声中一岁除，
春风送暖入屠苏。
千门万户曈曈日。
总把新桃换旧符。

古人认为，炮竹声响是辞旧迎新的最好标志，是一种喜庆心情的流露，也只有春节的爆竹声才能衬托出节日的喜庆气氛来。

⊙古今评说

据说爆竹是我们现在使用鞭炮的早期雏形。有一个传说：很久以前每年农历除夕的晚上，会出现一种叫"年"的猛兽，人们为了吓退这种作恶的猛兽，所以在家门口燃烧竹节，有时还会用红色物品贴在房外，由于竹腔内的空气受热膨胀，胀裂竹节时会发出噼啪的声音，借此来驱赶年兽。后来火药做成的炮竹取代了原来的竹节爆竹。

北宋著名诗人王安石

炸药的发明和应用

⊙拾遗钩沉

炸药是一种可以在极短时间内发生剧烈燃烧（爆炸）的物质，它的燃烧和爆炸需要在一定外界能量作用的影响下才能发生，是一种自身能量可能急剧释放的物质。多数情况下，炸药的物理和化学性质都相对稳定，不过不管是否被密封，药量填充入多少，甚至在外界零供氧的情况下，只要有较强的能量激发，炸药都可以发挥它的威力，会对外界进行爆轰式作功。炸药爆炸的时候会释放出大量的热能，而且产生高温、高压气体，对周围物质起一定的抛掷、破坏、压缩的作用。

炸药在军事上的作用主要为航空炸弹、地雷、鱼雷、炮弹、导弹、手榴弹等弹药的爆炸填装药。在工业上，可以被广泛应用于筑路、采矿、工程爆破、兴修水利、金属加工等，还可以应用于地震探查等科学领域。

炸药

⊙史实链接

炸药最早也是我国人民发明的，早在唐朝时，我们就已经发明了火药（黑色炸药），这是世界上已知最早的炸药。到宋朝时，黑色炸药在战争中的使用已经非常普遍，但它需要明火点燃，爆炸时的威力还不是很大。1831年，英国人比克福德发明了安全导火索，这为炸药的应用进一步提供了方便。威力较大的黄色炸药源于瑞典，由瑞典化学家诺贝尔发明。1846年，意大利人索布雷罗合成硝化甘油，这是一种爆炸力威猛的液态炸药，但使用的时候不太安全。

1859年后，诺贝尔父子对硝化甘油进行了研究，用"温热法"降服了硝化甘油，并开始建厂批量生产。不过炸药投产不久，工厂发生爆炸，父亲受了重伤，弟弟在爆炸中被炸死，政府禁止重建这座工厂。诺贝尔为寻求减少搬动硝化甘油时发生危险的方法，只好在湖面的一只船上做实验，有一次他偶然发现，硝化甘油可被干燥的硅藻土所吸附，而这种混合物可安全运输。

瑞典发明家诺贝尔

1865年，他发明雷汞雷管，这种物质可以跟安全导火索混合起来使用。经过不懈努力，他终于研制出了一种性能可靠，可以被安全运输的黄色火药，后来又研制成功一种威力更大的同一类型的炸药爆炸胶。10年之后，他又研制出硝化甘油无烟火药弹道炸药。此后，各国的科学家们对更高级的炸药的研制从未间断，并取得不断的突破，而炸药的应用也变得越来越广阔起来。

⊙古今评说

因为具有成本低、使用简单，节省人力成本等特点，炸药非常适合在工程建设中使用，且可以加快工程建设的速度。炸药可以在特殊环境中发挥作用，所以愈来愈广泛地被应用于国民经济各部门。在开矿方面，利用炸药可以进行更大规模的爆破，比光靠人工要快多了，开采金属矿和露天煤矿都需要利用炸药；利用聚能射流效应填充炸药的石油射孔弹，可以在石油开采中应用；在进行地质勘探时，用炸药制成的震源药柱用于地震探矿；公路和铁路修建中，炸药用于劈山开路，开凿隧道、峒室等；炸药还能够用于开采各种石料；在机械制造工业，炸药用于爆炸成型、爆炸焊接、切割金属等工艺；在水利电力工程，炸药用于修筑水坝、平整土地、疏通河道。相信在今后，炸药还具有更广阔的应用前景。

起爆材料——雷管

⊙拾遗钩沉

雷管是爆破工程中常用到的一种起爆材料。雷管的作用多是在起爆时能引爆各种类型的炸药和传爆管、导爆索等。

雷管有电雷管和火雷管两种类型，煤矿工程方面用到的多是电雷管。电雷管又可以分为延期电雷管和瞬发电雷管两种。而延期电雷管则分为毫秒延期电雷管和秒延期电雷管。

炸药包和弹药的发火装置，通常都是用雷汞等比较容易发火的化学药品放置在金属管里制造而成的。

⊙史实链接

世界上第一个雷管是1865年由诺贝尔发明的，那时人们已经知道硝化甘油是一种威力强大的爆炸物，不过硝化甘油太敏感了，在受到撞击和震动或者遇火时就会变得非常危险，极可能发生爆炸，所以缺少实用价值。诺贝尔通过实验发现，硝化甘油在用硅藻土吸附后性质会变得比较稳定，不过如何引爆它又成为了一个新的难题。后来，诺贝尔经过多次试验，在付出了血的代价后，他终于发现了如何引爆性质稳定的硝化甘油。他利用雷酸汞具有稍经打击或碰撞就爆炸的敏感性，把雷酸汞放置在一个小的管子里，制成了引爆装置——雷管。

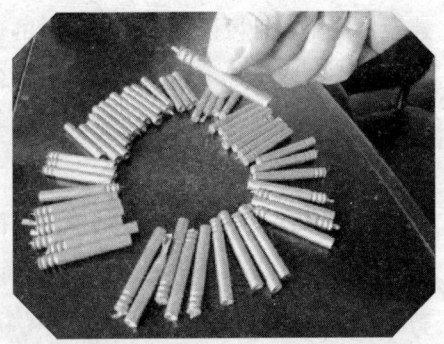

雷管

⊙古今评说

　　早期的雷管，里面只有单一成分的雷酸汞，性质并不是很稳定，且和铜等物质接触后，容易产生不稳定的雷酸盐而发生事故。后来的雷管，用上了叠氮化铅，性质会比较稳定一些。现在的雷管多数在上层填装叠氮化铅，下层填装爆炸药。

枪支发射的弹药——子弹

⊙拾遗钩沉

子弹由药筒、发射药、底火、弹头等部分构成，是一种后段呈圆柱形，前段呈圆锥形的枪支发射弹药，通常情况下使用钢制、铅制或者铅芯钢壳制，也被人叫作枪弹。有时我们提到的子弹，特指子弹头。

子弹是什么颜色的呢？我们平时看到的子弹多为一种颜色，不过，实际上子弹的颜色种类很多，如红色、绿色、白色和黑色等。子弹的种类多，用途也不太一样，为了在战斗中使用起来方便，便于辨认，制造者便把子弹的头部涂成各种不同的颜色。

有些国家的城市明令禁止人们在庆祝时对空开枪，这是为什么呢？因为如果朝天开枪，子弹最多可以向上空飞行1.5千米左右（实际飞行距离也要看子弹的性能和发射时的角度）。等上升的子弹到一

子弹

定高度后就会开始下落。在空气阻力的作用下，子弹的飞行速度会受到一定限制，不过由于子弹外形是契合空气动力学而设计的，因此下落的子弹还是可以置人于死地，如果在人口密度大的城区，对空开枪，子弹下降时落到某个人且伤到人的可能性将大大增加，故一些城市明令禁止对空开枪。

⊙史实链接

子弹是谁发明的呢？最早做爆炸式点火研究的是苏格兰人福希斯。最初使用器皿装雷粉，后来通把雷粉夹在两张纸中间，制作成了纸卷火帽。1808年，

法国人包利利用这种叫作火帽的物质，使用了针尖发火。1814年后，美国的军事科学家首先试验将击发药装于铁盂中用于枪械。1817年，美国人又把击发药压入铜盂中，发明了火帽，火帽的应用对后膛装填射击武器的发展产生了深远的影响。1821年，伯明翰的理查斯研制出了一种使用纸火帽的"引爆弹"。再后来，有人在亚麻布火长纸条上压装"爆弹"自动供弹，由击锤击发。1840年，德国人发明了针刺击发枪，也是用针击发火。1860年，美国首先设计了一种13.2毫米的机械式连珠枪，并开始了弹夹的使用。

⊙古今评说

子弹一般由四个部分组成，包括弹丸、发射药、药筒、火帽等。弹丸主要依靠快的飞行速度攻击目标，而药筒用来连接弹丸、产生高压的火药气体和保护发射药。普通子弹的火帽用来击发，发射药是通过燃烧赋予弹丸较高的初速度。其他的特种弹、检测用枪弹及辅助用枪弹又有一些不同之处，成份也会因子弹的不同而有所差别。

随着信息技术在陆军装备中的使用，弹药会呈现更多新的发展趋势，新概念和软杀伤的弹药问世，让子弹在使用时变得更加灵活多变，也会进一步提高陆军部队的战斗力。

爆炸性武器——炸弹

⊙拾遗钩沉

炸弹是一种里面装填有爆炸性材料的武器,近现代战争中应用较多。炸弹可以利用爆炸来产生巨大的热辐射和冲击波,以及爆炸时的破片,从而对攻击目标形成打击。此外,也有一种炸弹在爆炸后可以产生大量中子放射线,对有生目标造成伤害,而不会危害建筑物品,

空投炸弹

把战争中的经济损失减到最小。控制炸弹引爆的装置有遥控器、定时器、各种类型的传感器和激光等。

⊙史实链接

约在13世纪初期,我国金朝出现了火器的制造,且发明了铁质炸弹,金朝把这类炸弹称之为"震天雷",这算是最早的炸弹了。到宋朝代时,人们又把其叫作"铁火炮"。这种炸弹用抛石机来发射,弹壳用的是生铁,有葫芦形、罐子形、圆体形、合碗形等四种,罐子形的震天雷口小肚子大,里面装填有火药,外壳厚两寸,上面安装引信,用投掷的方法发射出去,爆炸时的声音如雷贯耳,爆炸后弹片也会四处飞溅。

1221年,金兵攻打蕲州时,就曾用一种叫作震天雷的武器轰击,给宋军带来了致命的打击。1232年,蒙古兵进攻金国的南京(今天的河南开封),在攻城器械"牛皮洞"的掩护下,捣毁城墙,城上的守军用矢石反击,不过没有一

点作用。金兵于是沿城墙用铁索吊下一个"震天雷",发火后,"其声如雷,闻百里外"。城下攻城掘墙的蒙古兵和防护用的牛皮洞一起被炸成了碎片。可见,当时的震天雷威力是十分惊人的。

  1277年,蒙古人攻广西,宋朝将领马暨领兵去守静江(也就是今天的广西桂林)。几个月后,静江被攻陷,马暨的部将领兵退守月城,蒙古兵合围月城近半个月,宋军就是不投降。这个时候城内因为缺少食物,士兵们难以继续坚持。马暨的部将娄钤辖便站在城墙上大喊:"我们太饿了,不能出城投降,如果给我们一些吃的东西,我们可以听命。"蒙古人真的相信了,派人送了一些牛和米,士兵们接过食物,又把城门关闭起来。蒙古人从高处看,只见宋兵忙着煮米、宰牛。吃过饭后,宋兵有了力气,便擂响军鼓,吹起号角,蒙古兵以为这是作战的信号,便整甲以待。只见宋兵拥出一门大火炮,点燃后立即爆炸,硝烟弥漫,声音像打雷般响。蒙古兵近前看去,宋兵200余人皆被炸死,守在城外的蒙古兵也炸死了很多。这足以看出这种大炮的威力。

  古代的火炮和现代火炮有很大不同,因为那个时候的火炮技术并不成熟,在现在看来只不过是一种大型地雷,外形非常笨重,其爆破性强,但没有发射功能。那时借助抛石机或人手抛掷,攻击的距离很有限,而且目标难以瞄准,古代火炮的作用主要在于炸毁敌方的城防设施,在攻守城池的战役中使用普遍。

  2003年11月21日,美国空军做实验时,在佛罗里达州投掷了一颗叫作"炸弹之母"的新型炸弹,爆炸后造成强烈的冲击波和烟云。这是迄今为止美国库存威力最大的常规炸弹了。

⊙古今评说

  未来的炸弹将是怎样的呢?媒体报道,美国军方正在策划一系列未来炸弹的概念,预计在10年后正式投入使用。这些未来的炸弹包括最大型炸弹和最小型炸弹。目前,美国空军正在研制一种超小型的炸弹,这种微型炸弹适合美空军执行紧密空中支援作战任务,尤其适合人口密度大的城市。美国军工企业和空军已经证实这种微型炸弹重量不到30千克,里面含有小型固体火箭发动机和GPS定位系统,里面甚至可以装备无人飞机,这种弹药可以从空中直接投射,也可从地面直接发动攻击,而且这种类型弹药的攻击精准度非常高。

防空武器——高射炮

⊙ 拾遗钩沉

　　高射炮是在第一次世界大战中发明的,是现代防空武器的重要组成部分,主要用来攻击直升机、飞机和飞行器等空中目标。高射炮的出现,在战争史上掀开了防空战争的新篇章。现在大口径高射炮已经逐渐被对空导弹取代,不过一些国家还是在研制和装备相当数量的40毫米以下的高射炮系统,且广泛采用多管联系,配备光电火控系统和雷达。

　　雷达和火控、火炮一起装在一辆车上,是三位一体的自行高射炮。这些年来,各个国家已研制且开始列装的防空导弹和高射炮结合在一起的防空系统,堪称现代防空兵器的重要发展。现代战争也证明,高射炮是现代防空体系中不可或缺的一部分。

早期雷达

　　第一次世界大战中,人们使用了听音机、光学测距机、探照灯等来配合高射炮对空作战。20世纪30年代,人们采用机械模拟式指挥仪计算射击诸元,用电缆同时向各炮传送射击诸元,提高了射击精度,缩短了传送时间。第二次世界大战期间,以机电指挥仪、炮瞄雷达和火炮组成的高射炮系统可以在全天候条件下测定目标,一定程度上提高了高射炮的精准度。

　　火炮上加了一种自动装置,可以自动瞄准,消除了人工操作时可能出现的误差，提高了瞄准的速度。20世纪60年代以来，出现了自行高射炮系统，有的系统采用了电视跟踪、红外、激光测距、雷达等来观测目标物体，并配用多功能的数字式火控计算机，以求射击诸元的精度、速度得到进一步提高，反应时间进一步缩短，抗干扰能力进一步加强。

⊙ 史实链接

19世纪末期，欧洲战争不断，1870年普法战争爆发，当年9月，普鲁士王国派兵围困法国巴黎，让巴黎和外界失去了联系。法国政府为了摆脱普鲁士人的围困，决定派人乘气球飞出城区，以便和外界取得联系。10月初，内政部长甘必达乘坐载人气球，飞越普军防线，在都尔市进行鼓动和宣传，并在极短的时间内组建了一支新的作战部队，并通过气球不断与巴黎政府保持联系。

普鲁士军方发现这个情况后，马上组织研究对策，决定首先击毁这些载人的气球。普鲁士军队的总参谋长毛奇下令，研制出一种专门用来打气球的火炮，以切断巴黎和外界的联系。过不多久，这种打气球的炮就制造出来了。它是由加农炮改装的，口径为37毫米，装在可以移动的四轮车上。为了追踪射击飘行的气球，由几个普军士兵操作火炮，改变炮位和射击方向，打下了不少气球，并由此得名"气球炮"，它是最早的高射炮。

⊙ 古今评说

第一次世界大战刚开始的时候，法国在两架飞机的机翼上安装了炮弹，用它来替代炸弹轰炸德军的武器库。接着，英国的飞机于1914年11月再次轰炸了德国的飞艇库，这一次德国的损失惨重。

由于飞机特有的优势，一些地面用的武器如机枪、手榴弹、炮弹、步枪、手枪等，都被安装在飞机上，成为航空武器的一种，用来对地面目标进行攻击。后来，飞机上更是装备了炸弹和专用火炮。

从第一次世界大战结束的20世纪30年代初，飞机和高射炮在作战性能和结构上都没有出现太大的变化，整体发展较慢。高射炮具有独特的抗饱、抗低空、抗干扰和反导弹作战能力，具有较大的发展潜力。随着现代空袭兵器的飞速发展，结合近期世界局部战争的特点，近年来一些军事强国加紧了对新概念

高射炮

高射炮的研制，且不断有新技术、新成果、新产品问世，呈现出全新的发展趋势。

高射炮系统和其他兵器一样，有战争的地方就能看到它们的身影，且随着科技的发展而不断发展，在原有的基础上革新和改进。我们有理由相信，未来的高射炮威力将更大，性能也更先进，并将继续在战场上发挥重要作用。

钢铁巨兽——坦克炮

⊙拾遗钩沉

坦克炮通常是由炮身、方向机、发射装置、反后坐装置、炮闩、高低机、摇架、平衡机和防危板等组成的。在火药产生的气体的作用下，弹丸以一定的方向和初速度射出。炮口和炮口的抽气装置是坦克才有的。当弹丸和炮口分离时，膛内的压力会下降，抽气装置利用火药产生的气体的引射作用把原有的火药气体从喷嘴排出，将炮膛内的气体排放出去，让膛内形成一个低压区，避免废气进入到战斗室乘员使战斗力减弱。

坦克炮的主要作用是攻击对方的坦克，它通过发射反坦克炮弹来完成特定的任务，多安装在能够旋转的炮塔里面。炮塔的旋转是通过人手借助动力传动装置，或者通过操纵台。或电动液压传动装置来实现的，可使坦克炮有360°的方向射界，进行圆周射击和迅速射击，因而火力机动性好。在坦克原地停留和行进间，坦克炮都可以射击。坦克炮的威力与坦克的快速运动相结合，可使坦克具有"铁甲骑兵"之称。

坦克炮长期暴露在外面，受到风吹雨淋、阳光辐射会产生温度差，让坦克炮的身管弯曲，弹着点歪斜。根据试验，某坦克105毫米火炮受阳光暴晒、身管的温度差将达到3.6℃时，炮口会倾斜2位。所以，现在的坦克炮多会装有隔热套。有的隔热套是多层玻璃纤维增强塑料，里面填充有泡沫塑料，有的隔热套是用绝缘材料或

坦克炮

单层同心套制成的，用坦克炮的身管和同心套间的空气当隔热层。也有的用绝缘材料和金属排成一列套在身管的外面。其中，以后者为好。隔热套能使火炮发射时产生的热量在身管四周均匀分布，减少身管变形，从而提高火炮的命中率。

现代坦克炮的威力是比较大的，可以长距离穿甲。前苏联T-72坦克炮发射初速为1 650米/秒的长式动能弹时，在2 000米距离上可以击穿140毫米/60°的靶板，意味着可以穿透近一尺厚的钢板。联邦德国"豹Ⅱ"坦克120毫米火炮发射初速度为1 650米/秒的长杆式动能弹时，在2 200米距离上可以击穿厚度为350毫米的装甲。

⊙ 史实链接

1950年6月，美国和朝鲜发生战争，同年九月，中国提出了抗美援朝的战略决策。为了提高中国志愿军的战斗实力，前苏联方面答应中国在一个月内为中国提供各种类型的自行火炮、坦克、装甲车近400辆。这批帮助中国的物资，就包括二战期间著名的前苏制T-34坦克。随着装备志愿军部队的T-34坦克量的增加，中国在随之而来的修理和维护工作中慢慢掌握了其中一些坦克炮的生产技术，这可以说是中国坦克炮研制的开始。

20世纪50年代末，为了进一步加强我军在东南沿海一带的战斗力，我国开始自主研制适应南方水网稻田环境作战的轻型坦克。1958年制定第一代轻型坦克研制目标后，军工部门几易其稿，先后推出了"132A""131"和"132"三套坦克炮的设计方案。这三套方案都应用了我国自行研制的76.2毫米主炮。不过，那个时候的条件有限，国产76.2毫米火炮技术没有达标，无法达到实用状态。为尽快完成新型坦克研制工作，军工部门决定放弃76.2毫米主炮方案，改用ZIS—S—53型85毫米炮来做坦克的主炮。1962年年底国产轻型坦克正式定型并被命名为"62式"轻型坦克。其所用的改进型ZIS—S—53型85毫米炮也随之成为第一种获得定型的国产坦克炮。

⊙ 古今评说

坦克炮多用来攻击地面较大的目标，现代坦克炮的炮身长度通常为其口径的50倍以上，加农炮是大于40倍口径的长身管火炮。短身管炮和长身管炮相比，弹丸射出的动能大、初速大，射角小（不超过45°）、弹道低伸，意味着弹丸在空中飞行的时候轨迹比较直一些。现代坦克炮用了长身管炮，与短身管炮相比，瞄准起来更容易，射击的精准度也更高一些，可以长距离穿甲，尤其适合平射坦克装甲车等正在活动的目标和地面出现的单个目标。

　　有理由相信，坦克作为陆军的重要装备，在未来很长一段时间内都将继续存在，世界各国也会对坦克炮做进一步的研究。

自动射击武器——航空机关炮

⊙ 拾遗钩沉

航空机关炮，简称航炮，是在飞机上使用的一种自动射击武器，航空炮的口径通常大于或者等于20毫米。它同地面发射的火炮相比，口径要小一些，多为20～30毫米，并具有重量轻、结构紧凑、操作简便快速等诸多的特点。

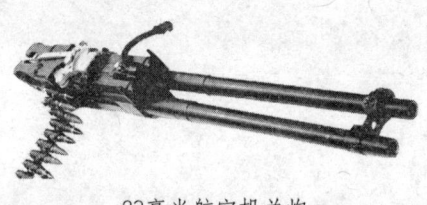

23毫米航空机关炮

按照航空机关炮的结构，它可以分为转膛式、单管式和多管旋转式三种。单管式由一个弹膛和一根炮管组成，利用击发时火药气体产生的能量自动连续完成开膛、抽壳、抛壳、进弹、锁膛和击发等循环的射击动作，射击速度在400～1 350发/分钟。转膛式由多个可旋转的弹膛和一根炮管组成，利用导出的火药燃气能量和身管后坐使鼓轮旋转，各弹膛依次对准发射，射击速度为1 200～1 300发/分钟。

航空机关炮的缺点主要在于体积过大和重量过重，转膛和炮管联合紧密，泄漏出的高速高温火药气流会污染和烧灼炮舱和炮管。多管旋转式炮管由3～7根炮管和相应的弹膛组成，在液压马达和电动机的作用下，炮管和转轮高速旋转，机心上的滚轮在炮箱的螺旋槽内运动，使得机心前后往复运动，完成连续的射击动作。

⊙ 史实链接

1914年，法国首次将地面步兵机枪安装在飞机上用于空中作战。1916年，法国飞行员G·吉内默在空战中首次使用了37毫米的机关炮。1936年，前苏联制成"斯瓦克"20毫米航炮。二战期间，航炮成为飞机上主要的攻击武器。

二战期间的航炮，口径增大，射击速度和威力较之前都有明显提高，出现了30～75毫米大口径机关炮。第二次世界大战接近尾声时，德国研制出射速1 400发/分钟的20毫米转膛炮和射速1 200发/分钟的30毫米转膛炮。20世纪50年代以来，多管旋转式和转膛式航炮发展很快，如美国的M39型20毫米转膛炮、GAU-8/A型30毫米7管旋转炮。导弹出现后，有些国家曾一度不再像之前一样重视航炮的研制。不过后来的空战证明，航炮仍是近距离格斗的有效武器。

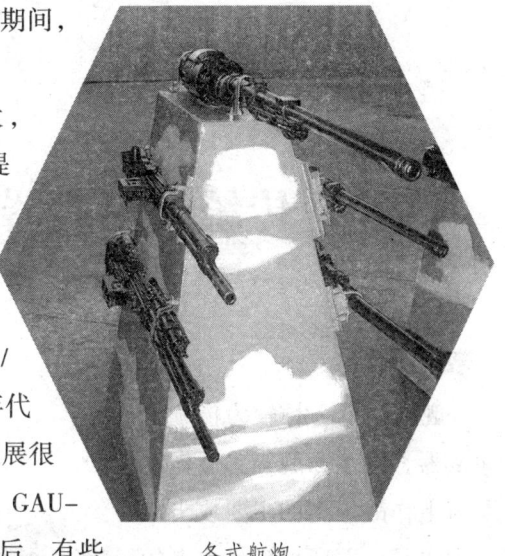

各式航炮

⊙ **古今评说**

现代航空炮的类型主要包括双管转膛炮、单管转膛炮和多管旋转炮等。所谓的转膛炮，指的是弹膛旋转的火炮，也就是说在射击的时候，只是几个弹膛依次旋转到对准炮管的发射位置并发射，射击中炮管并不会转动。它的发射原理和左轮手枪有点类似，而转管炮的射击原理跟它刚好相反，射击时弹膛不会动而炮管会不停地旋转。

未来航空机关炮发展的重点是提高航炮发射的速度，减轻重量，口径保持一定的大小，尽量取用统一的弹药，以及配备穿甲能力好的钨芯弹、铀芯弹等。

传统海军武器——舰炮

⊙ **拾遗钩沉**

舰炮，是一种较为传统型的海军武器，以水面舰艇为载体。一度是海上作战用到的主要攻击武器。舰炮也是海军所用到最古老的舰载武器，它发明的时间，远远早于舰载机、水鱼雷和导弹武器。

舰炮曾经是海军舰艇与敌人作战的主要攻击和防御武器。现代舰艇的中小口径舰炮，轻便灵活，反应速度快，发射时精准度高，与导弹武器配合使用，能够遂行对空防御，和敌军的水面舰艇交战，甚至在交战中拦截掠海导弹和支援对岸火力等多种类型的任务。随着现

早期滑膛舰炮

代科技的发展，计算机技术、电子技术、新材料的广泛应用，形成由舰炮和搜索雷达、光电跟踪仪、跟踪雷达、指挥仪等火控系统相结合的舰炮武器系统。制导炮弹的发明和使用，预制破片弹、脱壳穿甲弹、近炸引信等技术的出现，让舰炮武器系统的覆盖面更广，精准性更高，成为舰艇末端防御的主要手段之一。

初期的滑膛舰炮，一度是海军舰艇上的攻击武器。舰炮从14世纪装备海军风帆战船一类舰艇以来，中间经历了滑膛炮的发展时期（14~19世纪）以及线膛

炮时代（19世纪到现在）。

⊙ 史实链接

从14世纪以来，海军战舰就有配置滑膛炮的习惯，这让海战的战法发生了一系列的改变，交战中双方的舰队第一次在有效射击范围内进行舷侧方向的舰炮对射；如果炮战不能解决战斗，双方再以撞击战或接舷战来决定胜负。到17世纪时，舰炮战战术成为海军舰队在海战中的主要战法。

18世纪以后，随着木质风帆战舰操纵性能的改善，战舰排水量的增大和大口径火炮在战舰上的普遍配置，海军作战的舰炮战战术发展成为比较稳定的战列线战术，即交战双方的舰队在海战中各自排成单列纵队的战列线，进行同向异舷或异向同舷的舷侧方向火炮对射。

现代舰炮

于是，在这种战列线战术中使用的拥有80门以上火炮的大型军舰得名为战列舰。到19世纪中期时，最大的风帆战列舰的排水量可达4 000吨，配置火炮多达130门，通常建有三根高大的桅杆，航行在海面上非常威武壮观。大型战船船身高，火炮多，通常要三层或者两层甲板才安置得下，就不可避免地存在目标大的缺点。

⊙ 古今评说

火炮种类很多，不过因为受到当时技术的限制，还都造得不大，每发一炮之后装填弹药也要费很多时间。

在1991年海湾战争期间，美国动用了两艘"依阿华级"战列舰"密苏里号"和"威斯康星号"，使用舰上的406毫米超大口径舰炮，连续数日对伊拉克军队部署在滨海地区的军事目标进行了猛烈的轰击，共发射100余发炮弹，弹丸重量总计100余吨。美军摧毁了伊军的岸防导弹阵地、岸炮阵地、雷达站、指挥所等多处军事目标，使伊军遭受重大损失。和平时期，舰炮可执行低烈度作战。舰艇在执行巡逻警戒任务时，对入侵本国领海的外国船只，舰炮可实施警告射击。

总得来说，虽然导弹的出现使舰炮的作用降为辅助性地位，但它仍将是现代水面舰艇上必不可少的武器。

地面攻击的主要火炮——加农炮

⊙拾遗钩沉

加农炮指的是发射时弹道低平、仰角较小,可以在射击时直接瞄准,炮弹膛口速度快的一种火炮。经常用在前线的攻坚战中。严格意义上讲,坦克炮也是加农炮的一种。榴弹炮则是弹道弯曲大,发射仰角大,没法直接瞄准射击,但炮弹可以飞越障碍物攻击到目标,射程远比加农炮要远,常用于对敌阵的火力压制和在第二线的阵地上对前线火力的支援。军方的说法中没有"普通"炮的概念,榴弹炮和加农炮都属于普通火炮的两种不同类型。现代军事装备上还有把榴弹炮和加农炮的功能结合起来的火炮——加农榴弹炮。

加农炮是地面炮兵的主要武器,主要用于攻击地面的某些装甲目标、远距离目标和垂直目标。

加农炮标可以对地面的垂直目标和装甲目标进行直接瞄准射击;对距离相对较远的目标,则可以用间接瞄准的方法射击。加农炮主要由炮身、瞄准装置、炮架等部分组成。它的主要特点是身管长、初始速度大(通常在700米/秒以上)、射程远(如152~155毫米加农炮的最大射程可以达到22~35千米)。按照口径,可分为小口径加农炮、中口径加农炮和大口径加农炮三种;按结构和运动方式可以分为牵引式、自行式、自运式和运载式(通常安装在飞机、坦克、舰艇上)四种。坦克炮、反坦克炮、航空炮、高射炮、舰炮和海岸炮都是属于加农炮的常见类

加农炮

型。使用弹种有穿甲弹、杀伤榴弹、杀伤爆破榴弹、爆破榴弹、碎甲弹、脱壳超速穿甲弹、燃烧弹等。加农炮是进行地面攻击的主要火炮。

⊙ 史实链接

加农炮是一种弹道平直、身管长的野战炮。发明于14世纪，到16世纪的时候，欧洲人已经把身管较长的炮都归类到加农炮里，那时加农炮的身管长度为16～22倍口径。18世纪时，身管长一般为22～26倍口径。第二次世界大战之后，口径在105～108毫米之间的加农炮技术发展非常快，炮身的长度通常在30~52倍口径，初速达880米/秒，最大射程为30千米。

牛顿加农炮

18世纪60年代，加农炮的炮身长度为40～70倍口径，初始速度达到950米/秒，最大射击范围达到35千米。18世纪60年代后加农炮技术发展日趋缓慢，基本没研制新型号，性能仍保持在之前水平，军事上沿用弹道低、身管长的火炮。

坦克炮、海岸炮、航空机关炮、反坦克炮等都具备加农炮的特点——弹道低伸。20世纪70年代，世界上的一些国家新研制的榴弹炮，也兼具这一特点。

⊙ 古今评说

加农炮这一名词是由拉丁文翻译过来的，原文的意思是指管子，英文Cannon也是空心圆筒的意思。中国人发明火药后，德国的一个僧侣在公元14世纪时发明了加农炮。最早的加农炮是利用用火药发射铁球或石块。加农炮等火药武器的出现引起了攻城战的重大变革。

加农炮的出现，使得大部分的防御工程开始重建，因为这种新型的炮种可以直接射击破坏围绕大部分城市的直立高墙。君士坦丁堡城墙就是因此而建，在过去的几百年来，它已经历过无数次的攻城战。从加农炮发明后，它就很快开始在战场上扮演举足轻重的作用。拿破仑时代，法国士兵对加农炮的运用和保养都是最好的，所以总是可以在战斗中占得先机。

四、近现代火器的应用

身管火炮——榴弹炮

⊙拾遗钩沉

榴弹炮是一种弹道比较弯曲，身管较短的炮种，它适合在打击地面隐蔽目标的战斗中使用，是地面攻击的一种野战炮。根据机动方式，榴弹炮可分为自行式和牵引式两种，而自行式榴弹炮又主要包括法国F1式155毫米自行榴弹炮，美国M109A2式155毫米自行榴弹炮，前苏联74式122毫米自行榴弹炮，日本75式155毫米自行榴弹炮，英国As90式155毫米自行榴弹炮，美国Mli0A2式203毫米自行榴弹炮某种类。

F1式155毫米自行榴弹炮

榴弹炮是陆军部队攻击敌方的主要火炮之一，早在17世纪，欧洲人就开始把这类射击角度大的炮称为榴弹炮。

⊙史实链接

19世纪时榴弹炮开始采用变装药，第一次世界大战期间它的炮身长度为15~22倍口径，最大射程达到14.2千米。第二次世界大战期间炮身长度为20~30倍口径，最大射程达到18.1千米，最大射角65°，初速为635米/秒。英国的As90式155毫米自行炮正在研制52倍口径，最大射程为24千米，若采用火箭增程弹射击，距离会更远，甚至可以达30千米，此时最大射角75°，初速为827米

w90式203毫米自行榴弹炮

1秒。军事上把这种长身管的榴弹炮称为加榴炮。

17世纪时，欧洲人把射角较大的大炮称为榴弹炮。19世纪的榴弹炮等火炮武器采用了变装药，炮身长为口径的7~10倍，射角为12°~30°。第一次世界大战期间，世界上不少国家的军队开始竞相把榴弹炮作为主要武器装备，新的型号被不断研制出来。第二次世界大战期间，有些国家不再继续研制口径在203毫米以上的重榴弹炮。由于榴弹炮的性能被提高了不少，可以遂行同口径加农炮的任务，所以，世界上有不少国家已用榴弹炮来代替加农炮在战争中执行任务。

⊙古今评说

现在，随着榴弹炮技术的发展，它的身管也变得越来越长，西方许多国家已开始将榴弹炮、加农炮、加榴炮等都归类到身管火炮中，因而野战炮也被叫作身管火炮。身管火炮最常用于陆地战中，在二战后一直是各国火炮发展的重点。在战场上扮演重要的角色。1991年的海湾战争中双方用到的身管火炮占陆军火炮的九成以上。通过海湾战争我们不难看出：大口径、射程远（30千米以上）的加榴炮和榴弹炮是保持地面火力优势的手段之一；自行火炮灵活机动，适于随时支援械化部队和装甲作战；牵引火炮质量小，可用在直升机空运作为空中突击师、空降师的主要装备；身管火炮配备有多种类型的引信、弹药，可以在战场上打击不同类型的目标；精确制导弹药和身管火炮相结合，是攻击敌方远距离点目标的有效武器之一。所有这些也正是二战以后，特别是现在世界各国主战火炮的发展趋势。

强击炮——自行火炮

⊙ **拾遗钩沉**

自行火炮是一种可以和车辆底盘连为一体,自身能运动的火炮。自行火炮灵活性好,进出阵地快,越野性能佳,而且大部分自行火炮有装甲防护,战场生存力强,有些能够在水中浮渡。自行火炮可以在战争中更好地实施火力支援,让装甲兵、炮兵和摩托化步兵的战斗协同达到更佳状态。自行火炮主要由底盘部分、

摩托化步兵

武器系统和装甲车体等组成。它除了可以按炮种来归类外,也可以按照行动装置的结构形式来分,分为轮胎式、履带式和半履带式;按装甲防护功能则可以划分为半装甲式(半封闭式)、全装甲式(封闭式)和敞开式三种。

其中,全装甲式车体一般为封闭型的,对化学武器、核武器、生物武器都有一定的防护能力。

⊙ **史实链接**

世界上第一门自行火炮,在1917年由法国人发明。在第一次世界大战中坦克诞生后不久它就出现了。当时的法国人为了使笨重的牵引式炮变得更加灵活机动,可以适应各种类型的阵地,能在各种地形条件下迅速地转移阵地,就在履带坦克底盘上安装野战炮,增加了这种野战炮的越野性能。不过这个时候的

自行火炮没有装甲功能，只能应用在火力支援步兵上。

第一门具有装甲防护的炮塔式自行火炮，是由德国人发明的。在第一次世界大战中迅速流行起来的牵引式反坦克炮不管是防护性还是机动性都不是很理想，德国的军事专家们认为，只有让这些火炮在阵地上和坦克跑得一样快，才可以有效地与敌军的坦克相对抗。另外，由于初期坦克的火炮火力较弱，口径较小，所以需要发明一种可以跟着坦克行进，为坦克做快速火力支援，又同时具备一定防护性能的火炮。

1939年9月，纳粹德国攻占了捷克，获得了大量在当时而言性能非常好的捷克造47毫米反坦克炮。德国的一家公司把这种炮安装在T—1型坦克盘上，重新设计并制造了一个上面敞开的箱形装甲炮塔。炮塔虽然没法旋转，不过安装的火炮可左右侧转15°。这家公司于1939年制造出世界上第一种自行反坦克炮，使用效果非常好。后来，德国又发展了"斐迪南"、T—III、"黑猎豹"等火力更强，火炮口径更大的自行反坦克炮，在二战中被各国广泛使用。由于自行反坦克炮经常是用在伴随坦克作战和进攻上，所以又称"强击炮"。继德国之后，英国、前苏联、美国等其他的国家也研制发展了与德国的自行反坦克炮非常相似的强击炮。

自行反坦克炮在第二次世界大战期间是自行火炮的主流炮种。从第二次世界大战后至今天，自行反坦克炮的应用已经远远没有它刚发明时那么多，其原因在于各种主战坦克和反坦克武器的迅速发展；而对支援火力的需求，又让自行榴弹炮得以发展。正因为这两个原因，自行反坦克炮渐渐风光不再。一些国家仍然在研制一些以反坦克作战为主的自行反坦克炮，如瑞典的IKV91、德国的"美洲豹"、奥地利的SK105、意大利的"半人马座"、南非的"大山猫"，以及中国的120毫米自行反坦克炮等。

122毫米轮式自行火炮

⊙**古今评说**

　　由于现代自行火炮具有防护性好、机动性强、射速快、装有自动装弹机等诸多特点，所以在一些发达国家的军队里，它有逐渐取代牵引式火炮的趋势。整体而言，自行反坦克炮战斗全重较轻，穿甲威力强大，机动性较好，装甲防护力好，采购价格不贵。因为有以上的优点，让自行反坦克炮在装甲战车大家族中，有很大的生存空间。

　　此外，各个国家现装备的自行反坦克炮中，一些是以反坦克作战为主，但同时具备追击、武装侦察等作战任务，如"大山猫""半人马座"轮式装甲战车等，连名称也不叫自行反坦克炮；还有一些甚至被叫作轻型坦克，如IKV91、SK105等。真正叫自行反坦克炮的，只有德国的"美洲豹"、巴西的EE-118和中国的120毫米自行反坦克炮。自行反坦克炮的弹种有：脱壳穿甲弹、尾翼稳定脱壳穿甲弹、破甲弹等。20世纪70年代后，除了自行榴弹炮外，其他类型的自行火炮发展也相当迅猛，呈现出一派繁荣的景象。

反坦克炮

全履带装甲战车——坦克

⊙ 拾遗钩沉

坦克是一种装甲战斗车辆，以履带行驶。它集保护性、火力和机动性于一体，多数时候用于战争中突破敌方的防线，打破敌方步兵阵营，与敌人的坦克及一些装甲车辆战斗。坦克最风光的时代是在第二次世界大战中。二战后的多次战争中，都可以看到坦克这种巨型武器的身影，可以说坦克是陆战的主角，甚至被叫作"陆战之王"。

作为一种全履带装甲战车，坦克通常装有多门自动武器和一门火炮，具有非常不错的越野性能、强火力、坚固的装甲防护和强大的突击能力。

第一次世界大战时，为突破敌方由铁丝网、堑壕、机枪火力点组成的坚固防御阵地，迫切需要制造出一种可以在遍布铁丝网的战场上翻越壕沟、开辟道路，且能够摧毁和压制机枪火力的装甲车，以打破西部前线的僵局。不过那时的英国政府对此种研究毫无兴趣，而时任海军大臣的丘吉尔却非常重视，他亲自组织"陆地战舰"的研制工作。

1915年2月，英国政府才开始利用拖拉机、汽车、枪炮制造和冶金技术，于1915年9月制成样车并获得了成功，样车全重18.289吨，被称为"小游民"，配有1挺7.7毫

坦克

米"马克沁"机枪和几挺7.7毫米"刘易斯"机枪,装甲厚度为6毫米,发动机功率77.175千瓦,越壕1.2米,最大时速32千米,能通过0.3米高的障碍物。

⊙ 史实链接

19世纪初,英国生产了"马克"Ⅰ型坦克,其外形看上去是菱形的,刚性悬挂,车的两边履带架上有突出来的炮座,两条履带从顶上绕过车体,后面有一对轮子。可以乘坐八人,有"雌性"和"雄性"两种。"雌性"仅装五挺机枪,"雄性"装有两门57毫米火炮和四挺机枪。1916年9月15日,48辆"马克"Ⅰ型坦克首次驶向战场,不过因为各种原因,最终真正投入使用的只有18辆。同时,丘吉尔也为了不让德国人察觉有这种新型的武器,所以用"水箱(tank)"这一海军术语来命名这种威力强大的新型武器。

当然,坦克这种名字的由来还有很多种传说,有一种是说坦克发明后,有人嘲笑它太难看,像个大水箱(tank),谁想到这个名

法国雷诺FT-17坦克

字居然被沿用了下来。1918年,法国也研制出了"雷诺"FT-17坦克,这种坦克后来在第一次世界大战中立下不小的功劳。

⊙ 古今评说

我们有理由相信,地面武器的王者坦克,在未来还会是陆地作战的重要突击兵器。坦克的发明和使用,也改变了世界许多国家的战略思想。许多国家都在积极地利用现代科学技术,发展20世纪初发明的战斗武器——坦克。随着军事科技的发展,未来坦克的总体结构会有突破性的变化,将出现如无人炮塔式、外置火炮式等布置形式。火炮口径也将进一步增大,火控系统将变得更加完善、先进;动力传动装置的功率密度也会有进一步发展。各种被动与主动的

防护技术、战场信息自动管理技术、光电对抗技术等，将逐步在坦克上应用推广。各国也将十分重视减少坦克重量，控制费用增长，减小形体尺寸。可以预料，新型主战坦克的生存力、摧毁力和适应性将有大幅的提高，这将是未来坦克的发展方向之一。

灵活轻便的迫击炮

⊙拾遗钩沉

　　迫击炮,是一种从炮口填充弹药,以抛物线射击为主的火炮,射程较近,炮身短,在战场上灵活轻便,能射击障碍物后方的目标。

　　迫击炮,从首次发明到现在就一直是支援和伴随步兵作战的一种常规性武器,是步兵极为重要的武器之一。现在,已经有近百年历史的迫击炮更像一个历经沧桑的"老人",淡淡地看着各种高新技术兵器争相出现,而自己却静静地占据着不可动摇的一席之地。

　　迫击炮最大的作用是杀伤在山丘或者近距离障碍物后面的敌人,最适合摧毁敌人的桥梁或者轻型工事等,也可以用它来施放照明弹和烟幕弹。

　　迫击炮的名字源于两方面:一是炮弹从炮口装填后,可以靠着自身重量下滑而强迫击发,使炮弹发射出去;二是操作起来非常容易,弹道弯曲,可在近距离射击目标,几乎不存在射击的死角。

　　迫击炮从发明到现在,被广泛运用于战争。这种火炮尤其适合在山地战和堑壕战中使用,配合步兵小单位(排、连、班)来协同作战,为步兵之制式火力支援武器。

灵活轻便的迫击炮

⊙ 史实链接

探寻迫击炮的历史,最早可追溯到公元1342年。那个时候的西班牙军队正和阿拉伯人交战,围攻阿拉伯人所盘踞的阿里赫基拉斯城。阿拉伯人在城垛上支起一根根短角筒,筒口朝向城外。他们在筒口中填入一包黑火药,再放入一个铁球,点燃药捻后向西班牙士兵射出去。这种被称为"摩得发"的原始火炮,其实是迫击炮的早期雏形。

世界上第一门真正的迫击炮是六七式迫击炮,它在1904年日俄战争时期诞生,是由俄国炮兵大尉尼古拉耶维奇发明的。那个时候的沙皇俄国与日本为争夺中国的旅顺口,正展开激烈的交战。

俄军占领了旅顺口,日本已经逼近到离俄军阵地只有几十米的地方,俄军没有退路了,所以用机枪和一般火炮对付日军。尼古拉耶维奇便试着对一种老式的海军臼炮进行一系列改装,将其放在带有轮子的炮架上,以大仰角发射一种长尾形的炮弹,结果杀伤力居然很强,有效杀伤了堑壕内的日军,打退了日军的多次进攻,扭转了战局。这门炮使用长型超口径迫击炮弹,射程为50～400米,全弹质量11.5千克,射角为45°～65°。这种在战场上应急诞生的火炮,当时的名字叫作雷击炮,它是世界上最早出现的迫击炮。

第一次世界大战中,由于堑壕阵地战的展开,世界各国开始重视迫击炮的作用。在"雷击炮"的基础上,加以研制发明更多类型的迫击炮。1927年,法国研制的斯托克斯—勃朗特81毫米迫击炮增加了缓冲器,克服了炮架和炮身刚性连接的缺点,迫击炮的结构也就进一步变得完善起来,已基本具备了现代迫击炮的特点。

⊙ 古今评说

现代战争中,肩扛背驮的传统迫击炮已经无法适应战场越来越快的节奏。为适应步兵快速灵活的作战需求,在满足步兵实现迫击炮机械化的同时,迫击炮的研制也在开始向自动化方向迈进。自行迫击炮不仅包括迫击炮发射管,还配有全套的弹药体系(迫击炮弹、引信和装药系统)、先进的火控系统和操作平台。自行迫击炮装备有定位导航系统、自动探测及定向系统、激光测距仪,能实施360°的圆周射击,具有高度的灵活性。此外,自行迫击炮应用密闭的

美国M—224式迫击炮

装甲炮塔,有较强的装甲防护能力,战场生存能力也在显著提升。世界军事强国也都纷纷推出包括履带式和轮式的自行迫击炮系统。最先进的自行迫击炮系统是来自新加坡的SRAMS、俄罗斯2C31"维纳"、法国2R2M、美国"龙火"、瑞士"大角羊"、德国"阿莫斯"以及以色列"卡多姆"。为更好满足步兵对火力的要求,世界上很多国家也争相研制双管自行迫击炮系统。如瑞典的AMOS双管迫击炮系统,其最大射速达24发/分钟,可确保16发炮弹同时向一个目标射击。

现代的城市作战,敌我双方在楼群之间周旋,机动迅速,要求提高步兵机动作战能力。而且城市高楼大厦很多,为了避免伤及无辜,减少战争的损失,需要研制一种射击精度高的步兵压制兵器。这样,轻型车载式迫击炮系统就应运而生了。车载式迫击炮系统底盘采用改装后的"高机动性多用途轮式车",炮身安装在转盘上,可以进行连环射击。

手动步枪——三八大盖

⊙拾遗钩沉

三八式步枪是一种手动步枪，中国人习惯把它叫作三八大盖，原因在于这种枪的枪机上有一个能随枪机一起前进或后退的防尘盖，机匣上刻有"三八式"几个字。三八式步枪是第二次世界大战中的法西斯日本海、陆军队最基本、最主要的武器之一，一直到第二次世界大战结束，这种步枪在战场上整整沿用了40年。

三八式步枪

三八式步枪枪管比一般步枪长。三八式马枪是三八式步枪中短枪管型号的一种，在日本它还有一个名字，叫作三十八年式骑铳（或者是卡宾枪），它不仅骑兵们可以用，工兵同样也可以用，比如说后勤部队等其他的非前线部队。三八式马枪和三八式步枪是差不多在同一时间段投入军队使用的，它的枪管缩短为487毫米，重量3.3千克，枪全长966毫米。

⊙史实链接

三八式步枪原型是三五式海军步枪、三十式步枪，抗日战争期间，在中国东北使用非常多，因为中国东北会有一种细小的沙尘，容易进入操作机关内，使得操作时发生失误。而三八式步枪通过改进原来的步枪，简化了操作机关，设置了随枪机动作防尘盖。早前三十式步枪也和三八式枪一起在战争中使用。这两种步枪因为发明者有坂成章而被命名为有坂步枪。所以三八大盖，其实原名叫作有坂（三八式步枪是日本明治三十八年开始投入生产的）。这种步枪日本在侵华战争之前还曾向中国出口。中国东北的一些兵工厂也先后仿造。该步枪的瞄准基线长，所以射击的精度比较好，加之日军射击准确，在侵华战争中给中国军队带来了不少伤亡。但该枪口径小，故战场上发挥的威力并不是很大，只要不命中要害，都可以治疗好。有文章称其杀伤威力小主要由于膛线的缠度设计不好的缘故，这种枪的弹丸、弹道坚固性非常好，"一穿一个眼"，国民党兵工署做过试验，证明这种枪的65子弹在近距离射击时杀伤力等于79弹。

　　武器专家们为了解决三八式步枪杀伤威力小的缺点，在三八式步枪原有的基础上，改进了它的口径，改为7.7毫米口径枪弹，1939年定型，并正式把这种步枪起名为九九式步枪。

　　从三八式步枪演变而来的有四四式马枪（三十八年式骑枪的升级版，在1911年定型，并投入生产）、九七式狙击步枪（1937年定型并投入生产）和二式伞兵步枪，后来衍生出了五式步枪。

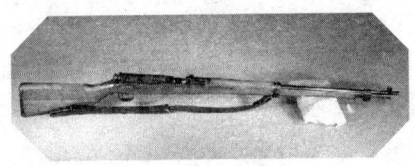

九九式长步枪

　　"三八大盖"自1907~1940年是它投入生产和使用的黄金时期，累计生产数量达300余万支。当时我国的统治当局曾经向日本购买了一部分，后来辽宁和太原的兵工厂也曾经仿造过。在抗日战争期间，中国军队缴获了日军大量的三八大盖步枪，不过因为没有足够多的弹药而无法有效使用，弃之又实在可惜，当时国民党当局曾经指定军政部第60兵工厂将其加以改进，以同国民党军队7.92毫米口径弹药体制一致。后来凡是被改扩口径的"三八大盖"，其弹膛上方都会刻上一个"改七九"的字样。

⊙古今评说

　　在抗日战争中，缴获的刻有九九式步枪、短步枪的数量远远没有"三八大盖"多，原因主要是九九式步枪或短步枪只有东北的日本关东军在用，而大部分都用来装备在太平洋地区的日军，所以，现在欧美不少国家倒是有很多九九式步枪，不过都是作为战利品被收藏在博物馆中。

　　在中国，三八大盖这种步枪被日军用到战败投降，而我们中国直到抗美援朝战役，还在使用这种武器。此后，我国的民兵一直用到20世纪70年代。"三八大盖"这样一种取之于强敌之手的武器，又作为战利品为我所用，我国民兵使用这种武器的时间之长，范围之广，赢得胜利之众，是历史上绝无仅有的。所以老一辈的军人谈起这种叫作"三八大盖"的步枪时，总是有说不完的故事。

非致命性武器——烟雾弹

⊙拾遗钩沉

烟雾弹在战争中最大的用处是给敌人造成一种视觉上的妨碍，如果用得恰当的话，可以扰乱敌人的阵脚，对进攻敌人提供极大的帮助。烟雾弹也能够用来防守，在某种程度上拖延时间，从而给敌人带来视线上的障碍和心理上的恐惧。

和其他的军事武器相比，烟雾弹是一种非致命性的武器，没有什么杀伤力，除非使用不正确，不然不会造成损伤。通常情况下，烟雾弹内部放置有一个金属的容器，还有几个专门为施放气体所制造的孔眼（孔眼的位置在烟雾弹的头部和尾部两端）。其钢铁容器能够容纳250~350g的有颜色气体（是一种由绿、黄、红、紫几种颜色混合在一起的混合物体，用乳糖、氯酸钾和染料制成）。释放出烟雾时会发生放热反应，且榴弹的内部也会变得非常热。

另一种烟雾弹具有一定的爆炸性，内部填充的物质主要是白磷。这种烟雾弹如果与空气接触，可能会被立即引爆，甚至会散发出一种看上去是黄色的火花来，同时还释放大量的白色烟雾（这种白色烟雾实际是五氧化二磷）。同时，使用者也要注意当时风吹的方向，免得烟雾飘向和预计完全相反的地方去。

烟雾弹

⊙史实链接

现在，随着科技的不断发展，已经出现了一种新型的烟雾弹，这种烟雾弹的主要成分和蜡烛油非常相似，在燃放后释放的主要物质就是水和二氧化碳，对人体和环境的危害非常小。如飞行表演用的F-800、消防演习用的S-3500等都是用的这种烟雾弹。这意味着随着人类对环境以及自身健康越来越重视，老式的烟雾弹正逐步被这类接近无害的烟雾弹所替代。

⊙古今评说

　　烟雾弹在日常生活中常有所耳闻，不过生活中常常有人将气榴弹和烟雾弹混淆了，其实两者是有所区别的，气榴弹是由一个外围的熔线所连结在一起的，与烟雾弹的导火线有很大的不同。而在价格方面，烟雾弹往往会比气榴弹要贵很多。此外，烟雾弹有时会在生存游戏、彩弹枪射击等场合使用，并不属于军用武器。

五、通向太空的桥梁
——火箭

军用火箭——一窝蜂火箭

⊙ 拾遗钩沉

　　一窝蜂火箭有点像现在的多管火箭炮，一个发射器中有许多发火箭弹。"一窝蜂"是个形象的比喻，形容一窝蜂火箭的外形。"一窝蜂"从早期的三连发神机箭，到后来的100连发的百虎齐奔，规格可谓多种多样。作为一种军用火箭，一窝蜂火箭是在木桶状的发射器里，安放32支绑有火药筒的箭矢，火药筒里的总药线是连接在一起的。战场上，把它埋在地下，点燃引线后箭矢会像蜜蜂群一样飞出去，攻击目标。

　　一窝蜂火箭并非是最早的多管火箭。一支火箭上安装有2个及以上火药筒的"二虎追羊箭"和装有4个以上火药筒的"神火飞鸦"等才是最早的多管火药筒。

中国古代兵器—窝蜂

　　据《火龙神器阵法》一书记载，"神火飞鸦"用细芦、细竹篾、棉纸做成鸦状，里面装满火药，身下斜钉几支火箭，不能太深，太深会把药筒前端烧穿；孔径可以容纳三根引火线，用的时候，同时点燃所有的火箭，"飞远百余丈"（约300多米）。多火药筒并联推进，可加大射击范围或增加投送时的重量，不过也会因为各火药筒推送时力度大小不同，点火顺序不同而导致飞行失败。

⊙ 史实链接

　　《武备志》一书中，曾详细记载数十种多管火箭。其中，有一次性发射20支的"火龙箭"，一次发射32支的"一窝蜂"，还有一次发射上百支的"百虎齐奔箭"等。这些火箭装在筒形的容器中，在战斗时，往往数十桶至百桶并排放在一起，总线一燃，一起发射，各筒里面均填装有火箭数支。那气势，就像在打雷一样。据《明实录》记载，建文二年，燕王朱棣与建文帝带领的军队在白沟河决战，那时就有用到"一窝蜂"。实行多发齐射，火箭加翼，可让射击时的密度增加，到现在，这种方法还是提高无控火箭杀伤威力的有效途径之一。

据南宋陆游《入蜀记》记载："建炎中，张迁号'一窝蜂'。"指的是南宋年间农民起义战争中，有一支起义军的领导叫张迁，他的绰号就叫"一窝蜂"，形象地说明了那时农民起义军人多势众。明吴承恩在《西游记》中有一段话这样写道，孙悟空让小猴子们搬石头，"那些小猴都是一窝蜂，一个个跳天搠地，乱搬了许多堆集"。

南宋诗人陆游

⊙ 古今评说

"一窝蜂"是古代的一种火炮。古代四大发明之一的火药术被发明之后，明朝出现了"一窝蜂"这种火箭武器，这种火箭在战争中威力很大，可以同时"容弹百枚，燃药则弹齐出"，点燃后同时发射多支火箭，所以被形象地命名为"一窝蜂"火箭。从单纯用冷兵器在战争中进行个体杀伤，发展到用火药制作武器，进行群体杀伤和破阵攻城，火箭等火器在其中发挥了重要的作用。

中国古代的火箭技术，不仅在军事中有广泛的应用，而且还具有较高的科学价值。明朝初年，还有人曾经做过火箭载人飞行的实验。据说约在14世纪末，中国人万户在坐椅的后方，安装上了47个大型火箭，并把自己捆在椅子的前面，两手都拿一个大风筝，然后叫仆人同时把这些火箭点燃。这是古人尝试利用火箭来飞翔的一个例子，不过最后以失败告终，因为万户当时错估了器材本身的承受能力。

不断发展的运载火箭

⊙拾遗钩沉

现代火箭技术发展已经日趋先进，现代火箭的动力系统多采用三级推进的模式，这种模式能够增加火箭升空时的动力以摆脱地球引力作用。目前用的比较多的是固液混合型的三级火箭。

根据所用到的推进剂来划分，常用的运载火箭可分为液体燃料火箭、固体燃料火箭、固液混合型火箭等三种基本类型。比如说美国的"飞马座"运载火箭是一种典型的三级固体燃料火箭，而我国的"长征三号"运载火箭就属于一种三级液体燃料火箭；而早期的"长征一号"运载火箭，则是固液混合型三级火箭的典型代表，其第一、二级是液体燃料火箭，第三级是固体燃料火箭。

不论是液体燃料运载火箭还是固体燃料运载火箭，是多级运载火箭还是单级运载火箭，这些火箭都由动力装置系统、结构系统和控制系统组成。这三大火箭系统称之为运载火箭的主要系统，是火箭的"大脑"，主系统是否正常运行，会直接影响到运载火箭飞行时的成败。除此之外，运载火箭上还有一些和地面设备一起构建的系统，比如说，安全系统、外弹道测量系统、遥测系统、瞄准系统等。

运载火箭和导弹等大型军用武器不同，它不需要批量生产和定型，而是每发射一枚进行一点小改动，这种小的改动不会影响到火箭的整体性能，所以没有必要做专门的飞行试验。不过一点一点地积累，时间一长就

"长征三号"运载火箭

有可能导致方案性的变化，让火箭的运载能力成倍增长。

⊙史实链接

20世纪80年代以后，一次性使用的运载火箭已经面临航天飞机的竞争。这两种运载工具各有所长，在今后一段时间内都将获得发展。航天飞机的设计是按照运送重型航天器进入低轨道的要求进行的。对于同步轨道的航天器而言，航天飞机还要额外携带一枚一次性使用的运载器，用来把航天器从低轨道发射出去，让其进入过渡轨道。这样有可能让其进入轨道时的可靠性提高。

一次性使用的运载火箭，在发射同步轨道卫星的时候，能够一次将其送入过渡轨道，和航天飞机相比更为有利。这两种不同类型的运载工具之间的不断竞争，将促进运载火箭技术的发展。在未来，运载火箭将有更低的成本和更高的可靠性。

1986年初，"挑战者号"航天飞机（美国制造）升空爆炸后，航天飞机被停飞了一段时间，美国用了非常长的时间去分析事故发生的原因。后来美国宣布停止用航天飞机来做商业卫星的发射。利用这个机会，我国仅用了一年多的时间就研制了"长征二号E"（又称"长二捆"）运载火箭，于1990年试射成功，可以发射原来准备用美国航天飞机发射的一般商用卫星。"长征二号E"火箭，周围捆绑了四个液体燃料助推器，以"长征二号"为芯级，它的近地轨道运载能力高达9.2吨。

为保证航天员的安全，也为了满足发射"神舟号"飞船的硬件要求，我国科学家又在"长征二号E"的基础上进行了一系列改动，增设了逃逸救生系统和故障检测系统，改进了它的可靠性，从而出现了"长征二号F"（LM-F）运载火箭，这是一种专门用来发射"神舟号"载人飞船的火箭。

⊙古今评说

运载火箭的设计需要满足的特点包括：经济性、通用性，这种火箭技术也在不断的改进中。这一点和大型导弹有很大的不同，大型导弹是为满足军事需要而研制的，支配大型导弹研制的因素是保持数量和技术性能上的优势。所以导弹的更新换代非常快，几乎每隔几年就会研制出来一种新型号的导弹设备。

运载火箭则要在商业竞争的环境中求发展，作为商品的一种，它需要具备通用性的特点，能够适用各种卫星的尺寸和质量，将卫星有效载荷送入太空的多种轨道中去。运载火箭追求经济效益，要求发射耗费少，也要求性能好。

订购运载火箭的商家，需要支付两笔费用，一笔是给火箭制造商的发射费，另外一笔是给保险公司的保险费。发射费包括火箭的研制费和生产成本，保险费则反映出火箭的风险性。为减小风险，火箭制造商一般都尽量应用新型、可靠性高的火箭制造技术，以提高运载火箭的性能。

火箭炮的发明

⊙ 拾遗钩沉

　　火箭炮是一种可以发射火箭弹的多发联装发射装置，其发射的火箭弹主要依靠自身的推力飞行。火箭炮发射的特点包括：发射速度快，突袭性好，火力猛烈，灵活性好，机动能力强，可以在极短的时间里一次性发射多枚火箭弹，适用于对大面积、远距离的目标发动攻击，用以压制、歼灭技术兵器和有生力量，震摄敌人。

　　火箭炮的作用主要是引燃火箭，它的点火具可以给火箭弹初始飞行的方向和速度。因为火箭是凭借自身发动机的推力进行飞行的，火箭炮不需要有能够承受巨大膛压的炮闩和笨重炮身，当然也不会有后坐装置。火箭炮可以发射弹径较大的火箭弹和多次发联射，发射速度快得超乎想象，突袭性好，火力猛，不过射弹散布大，所以，经常被用在对目标进行大面积打击上。

　　火药是中国古代的四大发明之一，最早的多枚火箭齐射装置和连发装置也是源自中国。明朝的茅元仪在1621年写了《武备志》一书，详细记载了火箭及其发射装置有十多种类型，其中，有一次能够发射30～40支火箭的"群豹横奔箭"和"一窝蜂"，还有一发百矢的"百虎齐奔箭"和可以连着两次发射的"群鹰逐兔箭"，这些算是最早期的火箭了。

⊙ 史实链接

　　公元969年，我国宋朝人发明了世界上第一支火药火箭。975年，火箭开始应用于战争中。17世纪，欧洲国家开始了火箭的研制。20世纪初，由于双基推进剂的应用，火箭技术进一步发展起来，逐步形成了现代火箭炮。

　　世界上第一枚现代火箭炮是1933年由前苏联研制出来的BM-13多管火箭

炮，这种自行式火箭炮又被称作"喀秋莎"，装有轨式定向器，装在汽车的底盘上，可联装16枚132毫米尾翼火箭弹，最大射程在9 000米左右，1939年正式在前苏联军队中使用。1941年8月，它在奥尔沙地区开始实战演习。那时的前苏军，有一个火箭炮连一次齐射，在战斗中摧毁了纳粹德国的铁路枢纽和大量军用列车。

火箭炮连续发射时，像火山喷发一样，势若排山倒海，声似雷鸣虎啸。不仅消灭敌人大量军事装备和有生力量，而且也很大程度上打击了敌人的士气。在整个第二次世界大战期间，"喀秋莎"火箭炮战功显赫，成为德国纳粹眼中的"鬼炮"。在2006年黎巴嫩与以色列的冲突中，黎巴嫩的"喀秋莎"火箭炮再次发挥了威力，成为以色列人永远难以言说的痛。

第二次世界大战结束后，"喀秋莎"火箭炮依旧在战场上占有一席之地。1953年夏，中国军队在朝鲜金城以南地区发起了抗美援朝的最后一次进攻战役，这就是"金城战役"。7月13日21时，中国军队集中了近1 000门火炮对敌军进行攻击，其中就拥有近200门"喀秋莎"火箭炮。"喀秋莎"火箭炮的诸多优点在这次战役中充分显露出来。在10秒之内，约3 000枚火箭弹同时向敌方射击，把敌人包围在火海中。中国军队在一小时内就突破了敌军阵地，迅速取得胜利，在一定程度上促使朝鲜战争提前结束。

"喀秋莎"火箭炮在第二次世界大战中的出色表现，受到了各国的关注。20世纪50年代，前苏联把火箭炮技术的研究推到了一个新的发展阶段，火箭炮的技术、战术、性能都有了前所未有的提高。以色列、意大利、德国、西班牙等许多国家也开始以"喀秋莎"火箭炮为向导，研制出了多种不同类型的火箭炮。

⊙**古今评说**

现代火箭炮的发展，越来越多向数字化、信息化、智能化方向发展，未来的战争中，加强火箭炮系统的数字化处理能力和对信息的收集将是

"神鹰"远程火箭炮系统

火箭炮发展的趋势。实现火箭炮战术指挥自动化是火箭炮技术的关键。以后的火箭炮将安装高精度的定向定位系统，配备性能更好的计算机系统，还有连接气象雷达系统和卫星定位接收系统，让单门火箭炮变成以火箭炮为主体，集测地、侦察、指挥、机动和通信为一体的综合体，火箭炮能自动调平、自动定位定向、自动收发计算诸元、自动装填、自动瞄准、自动发射，操作智能化水平将不断被提高，让火箭炮真正具有"停下就打，打了就跑"的能力。

五、通向太空的桥梁——火箭

导向性飞弹——导弹

⊙拾遗钩沉

　　导向性飞弹简称为导弹，是一种靠制导系统来控制飞行轨迹的，可以攻击指定目标的武器。现代的导弹已经非常智能化，甚至可以追踪到目标物体的动向，如追踪无人驾驶的武器。导弹的主要任务是把战斗部装药在打击目标附近引爆，并对目标物体作毁灭性的打击，在没有战斗部的情况下，依靠自身动能撞击目标，以取得毁灭性的效果。简单来讲，导弹是依靠自身动力装置推进的。它是借助制导系统导引、控制飞行的路线，并导向目标。

　　冯·布劳恩是导弹技术的第一人。1936年，德国境内的火箭研究中心，建立了一个重点研究导弹技术的项目——V2工程，由第三帝国命名为"复仇使者"计划，冯·布劳恩被任命为主导者领衔执行V2工程。

　　弹道导弹DF-11（M11 CSS-7）是1939年世界上研制出来的第一枚导弹，在德国发射成功，这代表着人类军事武器研制迈入了一个新的高度，从此掀开了一个新的时代。1942年，德国又成功试射了V1导弹和V2导弹，1944年，德国向伦敦发射了V1、V2导弹。二战后期，德国还研制了"莱茵女儿"等几种地空导弹，以及X-4有线制导空空导弹、X-7反坦克导弹等。这些导弹的研制者都是冯·布劳恩。

⊙史实链接

　　德国是最早研制导弹的国家，导弹之父——冯·布劳恩，1912年3月23日出生于德国维尔西茨的一个富裕家庭中，后来跟随全家移居到柏林。冯·布劳恩的妈妈是一位出色的天文学爱好者，很会培养儿子的好奇心。她送给儿子的一架望远镜，让小布劳恩对神秘的宇宙发生了极大的兴趣。这造就了一个大科学家的成长。

希特勒也曾经一度对火箭技术着迷，1939年希特勒参观发射试验台的时候，布劳恩给他讲解火箭的技术原理。布劳恩以他一贯的严谨态度为希特勒讲解火箭的结构，这和他后来为美国总统肯尼迪分析月球接轨方案一样的认真仔细。但他很快发现，希特勒对他的介绍并没有听进去多少，只有当他提到V2火箭可能有潜在的战争用途时，元首的眼睛才闪闪发亮。

美国第35任总统肯尼迪

⊙古今评说

从二战到20世纪50年代初，导弹都处于发展的早期阶段。世界上的多个国家都从德国在二战中对V1、V2导弹的使用上，意识到导弹在未来的战争中将有不可小觑的作用。前苏联、美国、瑞士、瑞典等国在第二次世界大战后不久，恢复了自己在第二次世界大战期间已经进行的导弹研制工作。英国、法国两个国家也分别在1948和1949年重新开始进行导弹的研究。自20世纪50年代初起，导弹在世界不少国家都得到了大规模的发展，出现了一大批中远程液体燃料弹道导弹和一些战术导弹，且相继装备了导弹部队。

在未来，导弹技术将会有长远的发展，并会朝着精度高、结构质量小、造价便宜、可靠性高等方面改进！

车载导弹

五、通向太空的桥梁——火箭

空对地攻击武器——火箭弹

⊙拾遗钩沉

火箭弹是一种使用火箭发动机来推动运行的导弹药，这种武器在战争中所起到的主要作用是打压敌军的气势，袭击有生目标和摧毁敌方的工程。按它的飞行模式分为尾翼式火箭弹和涡轮式火箭弹两种；按其对敌方打击的效果，可以大致分为爆破、破甲、杀伤、碎甲、燃烧等类型的火箭弹。

火箭弹的结构主要由战斗部、火箭发动机、稳定装置几个部分构成。战斗部包括火箭弹壳体、炸药、引信和其他一些填充的物体。火箭发动机包括燃烧室、点火系统、推进剂、喷管等等。尾翼式火箭弹凭借尾翼来维持飞行时的稳定性；涡轮式火箭弹则从倾斜喷管喷出燃气，让火箭弹绕弹轴快速旋转起来，产生陀螺效应，以保持飞行过程中的稳定性；火箭弹的发射装置有火箭发射车、火箭筒、火箭发射架、火箭炮等。

因为火箭弹本身安装有自推动力的装置，它的发射装置承受力比较小，所以可以多管（轨）齐射。战争中单兵使用的火箭弹轻便、灵活，是一种比较好的近距离反坦克武器。

⊙史实链接

12世纪中叶，中国人就发明了火箭，并把这种武器应用于战争中。约在13世纪时，中国的火箭技术被阿拉伯人带入到了欧洲。19世纪初，英国人康格里夫研制了一种射程为2.5千米的火箭弹。20世纪中，美国、德国、前苏联等国都开始重视火箭弹的研制。前苏联制造的БМ-13火箭弹及其发射装置曾在二战中发挥举足轻重的作用，战士们把这种武器叫作"喀秋莎"。

火箭弹在使用时，需要人们从远处进行攻击。现在，随着各种复杂的金属加工技术的出现，人们发明出了更为复杂、精密性更好的发射装置。

⊙古今评说

现代意义上的火箭弹，往往用于空对地的攻击。最早使用源于20世纪60年代，那时人们发现这种武器在直升飞机上直接投射下去，尤其是用多管发射器发射时，它的攻击力是非常强大的，可以形成一股强大而密集的火力，最大程度地支援地面部队的作战行动。不过，由于没有采用好的制导技术，这些火箭弹普遍命中率低，难以对目标进行有效打击，很多情况下只能作为大面积杀伤武器，和其他军事武器一起配合使用。

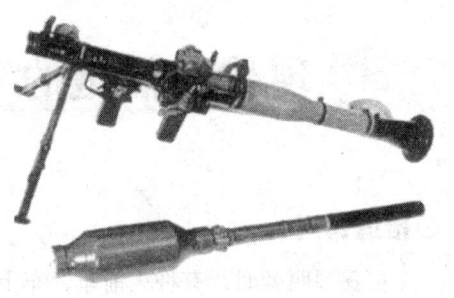

新式wpf2004火箭弹

火箭弹未来的发展趋势：采用更为新型的壳体材料，让火箭弹的重量更轻；采取综合措施，提高火箭弹发射的精准度；采用高能推进剂和高能炸药或其他高威力的装填物；配备多种作用的引信及战斗部，以求增加火箭弹的射击距离、提高杀伤威力和扩大使用范围。增加能够在封闭空间（例如房屋内部、碉堡）发射的能力，也是各国新型火箭弹的发展趋势。

现代火箭炮的雏形——火箭车

⊙ **拾遗钩沉**

在我国明朝时,有种火箭车,车上的火箭能够部分发射、单独发射以及一齐发射。这种发明于明代的火箭车可以算作是火箭炮的雏形,它与现代的火箭炮极为相似。

古代中国人发明了火药之后,很快发现火药的作用其实不仅仅是在于有爆裂作用,还可以有控制地燃烧,能够让箭体获得向前飞行的动能,所以在宋朝时出现了用纸筒包裹的固体小火箭,这种小火箭绑在弓弩使用的箭上,在这种箭的箭竿上方位置安装有一个"配重"的金属块,使箭簇在飞行中保持良好的稳定性。这种火箭技术在火药技术发达的明朝发展到极致,出现了许多种联装的火箭发射设备。明朝的军队曾经为藩属国朝鲜提供过一批火箭车,朝鲜人也从明军那里学到了包括图纸在内的火箭制造技术,在韩国电影《神机箭》中有使用这种武器的战斗场景。

⊙ **史实链接**

不管火药还是火箭技术乃至现在烟花焰火,全球尤其是西方的多数国家都认可以上技术是从中国开始的。

"神机箭"比金朝发明的"飞火枪"晚了大约100年,是朝鲜世宗时期所制造的当时的尖端武器。

火箭车

⊙ 古今评说

最大的火箭车是"大神机箭",从模型来看,这种火箭车长度为5.3米,在箭的最前端位置没有安装箭簇,而是安装了一个用柔韧的纸做成的火药筒,用可以移动的发射台(也就是火箭车)来发射。填充进去性能好的炸药,这种火药筒起到了弹头的作用,最多的时候每次可以发射100多支火箭,它也算是多联发火箭炮的一种。根据古籍的记载,神机箭主要在鸭绿江边等边境地区应用。1993年,韩国曾研制恢复了这种神机箭的古貌。和古代其他的火箭有所不同,神机箭的设计图保存得非常完整。虽然不是世界上已知最早的火箭,但是神机箭仍然是可以恢复到最古老火箭的原貌,复原的"中神机箭"射击距离可以达到200米左右。

弹道导弹——V2火箭

⊙拾遗钩沉

V2火箭是在导弹之父冯·布劳恩博士的领导下发明的，是一种全新的远程攻击武器。它有很多个头衔，比如是世界上第一枚大型火箭导弹，也是世界上最早在战争使用的弹道导弹等等。

V2火箭是一种超音速火箭，曾经在第二次世界大战中成为纳粹德国的得力武器，V2火箭也是现代航天运载火箭和远程导弹的先驱。它1936年开始研制，1944年这种武器首次向巴黎发射。两天后德国人又开始用它袭击英国，整个二战中共发射1 300多枚。比利时也同样遭受打击。V2火箭的长度为47英尺，质量达2.8万～2.9万磅（1磅=0.45千克），发射时能够产生大约6万磅的推力。推进剂是液氧和酒精，有效承重力大约为200磅烈性炸药，水平方向的射击距离为200英里（1英里≈1.609千米），最大射击高度一般情况下可达60英里。

V2工程是从1940年开始的。二战期间，正是德国的V2火箭发挥威力的时候，德国用这种武器曾给英国带来巨大灾难，它当时还有一个名字叫作"飞弹"。V2工程起始是因为A系列火箭的研究，由冯·布劳恩博士主持，后者是1936年后在佩内明德新建火箭研究中心的一个重点军事研究项目。A系列火

V2火箭

箭经过一系列的改进，性能已经大大提高，是世界上第一种实用性非常高的弹道导弹。"V"来源于德文Vergeltung，意思是报复的一种手段，这是纳粹在遭到盟国集中轰炸后，要进行报复的计划。V1和V2表示这两种型号的火箭，仅仅是整个恐怖报复计划的开始。

V2火箭长13.5米，发射时总的质量加起来有13吨，可以把1吨重的弹头直接送到322千米外的地方去。火箭由液体燃料发动机推动，燃烧的材料主要是乙醇和液氧。发射的时候，火箭先垂直上升到大约30千米的高度，然后按照弹上陀螺仪的控制，在喷口燃气舵的作用下，由地面控制站向弹上接收机发射无线电控制指令。

⊙ 史实链接

1945年，纳粹德国战败投降的前夕，冯·布劳恩和400多名火箭专家向美军投降，后来他们辗转到了美国，成为美国火箭技术研究和空间技术发展的奠基人之一；前苏联在二战期间，也缴获了大量V2火箭的部件和成品，抓捕了一些火箭专家，并且把这作为研究的起点，开始自己的火箭研制和向空间迈进的计划。

⊙ 古今评说

冯·布劳恩是德国的工程师，在火箭研究制造技术和太空探测等方面都取得了非常了不起的成就。他先后领导研制了德国著名的V.1、V2火箭、美国第一颗卫星发射，以及主持了美国第一艘载人宇宙飞船"阿波罗11号"登上月球。美国航天飞机的研制也是由他开始的。总之，在火箭和导弹的史册上，冯·布劳恩是最值得记载的一笔。

飞向宇宙，探索神秘的宇宙是冯·布劳恩毕生的理想，他为之所做的第一步努力，就是研制功率极大的液体推进剂火箭——V2型火箭。火箭研制的

冯·布劳恩

工程量之大是可想而知的,难题堆积如山,等着布劳恩和他的同事去解决。他以巨大的热情,带领着他的技术团队,最终取得了V2火箭研制的成功,为火箭技术的发展迈出了历史性的一步。V2火箭诞生的意义,甚至可以与航空领域莱特兄弟发明飞机相媲美。

运载工具——多级火箭

⊙ 拾遗钩沉

从字面上我们就可以理解，多级火箭指的是由数级火箭组合而成的一种运载工具。每一级都安装有燃料和发动机，主要作用是为了提高火箭升空后连续飞行的能力和最终的速度。多级火箭从尾部的一级开始，每级火箭燃料用完后，会自行脱落，在同一时刻，下一级火箭发动机便开始正常工作，让飞行器能够继续加速前进。

第二次世界大战结束后，美国继承了德国的许多武器研究成果，在德国火箭专家的帮助下，于1949年研制发射了第一枚多级火箭。

火箭作为运输工具的一种，其主要任务是将具有一定重量的航天器送到太空中去。航天器在太空中运行如何与它进入太空时的初始速度和升空方向有很大的关系。通常情况下，如果航天器进入飞行轨道的速度比第一宇宙速度小的话，航天器会重新掉落回地面；如果航天器进入轨道的速度介于第一与第二宇宙速度之间，它在地球引力场内飞行，就可以成为一颗人造地球卫星围绕地球运转；当航天器进入轨道的速度介于第二宇宙速度与第三宇宙速度之间的时候，它就飞离地球，成为太阳系内的一颗人造行星；当航天器进入轨道的速度达到或超过第三宇宙速度时，它甚至可以飞离太阳系。

部分多级火箭是串联式的，

运载火箭

也有一些是并联式的，还有一些是串并联式的，不过真正应用多的形式是串联和串并联。串联指的是将多个火箭通过级间连接／分离机构的形式连接成一串，第一子级安放在最底层的位置，先工作，工作完毕后通过连接／分离机构被分离开。然后，其上级火箭依次工作并被依次抛弃，直到航天器进入到预定的轨道。并联指的是将多个火箭并排地连接在一起，先开始工作的是周围的子级火箭，工作完毕后被依次抛弃，直至有效载荷进入飞行轨道，中央的芯级火箭是最后进行工作的。以这种方式连接的多级火箭又称为捆绑式火箭。如果芯级火箭本身是串联式多级火箭，这种形式就是串并联。

⊙ 史实链接

中国早期的多级火箭最初发明于明代，明代后期创制了"火龙出水"等早期的二级火箭。"火龙"有龙头、龙身、龙尾。龙身是约1.5米的薄竹筒制成的箭身，前面安放一个木制龙头，龙口朝前张着，这是为了方便火箭的射出。后边装一个木制龙尾，箭身头尾下部两边各安装一支半斤重的起飞火箭，箭身内部安置有神机火箭数枚，引线全部连接在一起，龙身下前后一共安装了四个火箭筒，前后两组火箭引线将其连接在一起，前面火箭药筒底部和龙头引出的纽结线相连。

⊙ 古今评说

随着人类逐渐进入深空探测以及空间飞行器功能的不断完善，要求火箭具有更强大的运载能力，因此出现了多级火箭。简单来讲，多级火箭通过几个单级火箭连在一起，其中的一级火箭先运行，完成使命后和其他火箭分离开，然后第二级火箭接着工作，依次类推。由几个火箭组成的就叫作几级火箭，如二级火箭、三级火箭等。

不过，如果是多个火箭同时工作，也只能算作是一级。多级火箭的优点是，隔一段时间会把已经完成使命的结构抛弃掉，无需再消耗推进剂来带着它和航天器一起飞行。

一次性航天器——宇宙飞船

⊙拾遗钩沉

　　宇宙飞船是一种运送航天员和其他货物到太空，并送其安全返回地球的航天器，且是一次性的。它可以保证航天员在太空旅行期间的基本生活并进行一系列的工作。它的运行时间可以达到几天到半个月，一般一艘宇宙飞船可以乘坐2~3名的航天员。

　　"东方号"宇宙飞船由前苏联发明，是世界上第一艘载人飞船，于1961发射成功。它是由两个舱组成的，上面用的是完全密封的载人舱，又称航天员座舱。这是一个直径为两米的球体。舱内设有可以保障航天员基本生活的氧气、水和生命保障系统，还有控制飞船运行姿态的控制系统、着陆用的降落伞回收系统、测量飞船飞行轨道的信标系统和应急救生用的弹射座椅系统。另一个舱则是设备舱，设备舱直径为2.58米，长3.1米。设备舱里面有制动火箭系统，可以使载人舱脱离飞行轨道而返回地面，制动系统包括可以供应电能的储气的气瓶、电池、喷嘴等系统。"东方1号"宇宙飞船总质量约为5 000千克。它和运载火箭都只能执行一次任务，是一次性的。

"东方号"卫星

⊙史实链接

　　1966年3月，美国"双子星座8号"的航天员，做了首次太空对接。过后不久，因为飞船控制系统失灵，航天员们只能做出紧急着陆的决定。航天员尼尔·阿姆斯特朗和戴维·斯考特在原本计划3天的任务中，进行第五圈飞行时，操纵其"双子星座"密封舱与"阿根纳号"宇宙飞船对接成功。30分钟过后，"双子星号"密封舱开始旋转并和地面的控制系统失去了联系。接着，宇宙飞船上12支小型助推火箭中的一支出现问题，发生不明原因起火。航天员随即将飞行器与"阿根纳号"分离，并成功降落在太平洋上。

到目前为止，人类已经先后研制出三种结构的宇宙飞船，即单舱型、双舱型、三舱型。其中单舱型结构是最为简单的一种，只有航天员的座舱，美国第一名航天员格伦就是乘单舱型的"水星号"飞船上天的；双舱型飞船比单舱型要复杂一些，是由座舱和提供电源、动力、氧气和水的服务舱组成，它改善了航天员的生活和工作环境；世界第一个出舱航天员乘坐的前苏联"上升号"飞船，世界第一个男女航天员乘坐的前苏联"东方号"飞船，美国的"双子星座"飞船都是属于双舱型；最复杂的就是三舱型飞船，它是在双舱型飞船基础上或增加一个轨道舱（卫星或飞船），以增加舱内的活动范围，更好地进行科学实验等；或增加一个登月舱，在登陆月球和离开月面时使用，美国"阿波罗号"飞船和俄罗斯（前苏联）的"联盟"系列是典型的三舱型。

太空中的宇航员

⊙ **古今评说**

宇宙飞船的构造远比卫星等无人航天器复杂得多。宇宙飞船和返回式卫星有许多相似之处。因为要载人，所以加了许多供人生存的特设系统，以满足航天员在太空可以正常工作和生活，比如说舱内安装有用于空气更新、废水处理和再生、通风、湿度和温度控制等的环境控制系统和航天服、报话通信系统、生命保障系统、仪表和照明系统、载人机动装置和逃逸投生系统等。

当然，成功发射宇宙飞船，掌握航天器进入大气层和安全返回的技术是非常重要的。尤其是宇宙飞船，除了要使飞船在返回过程中的制动过载限制在